原子力防災の虚構

上岡直見

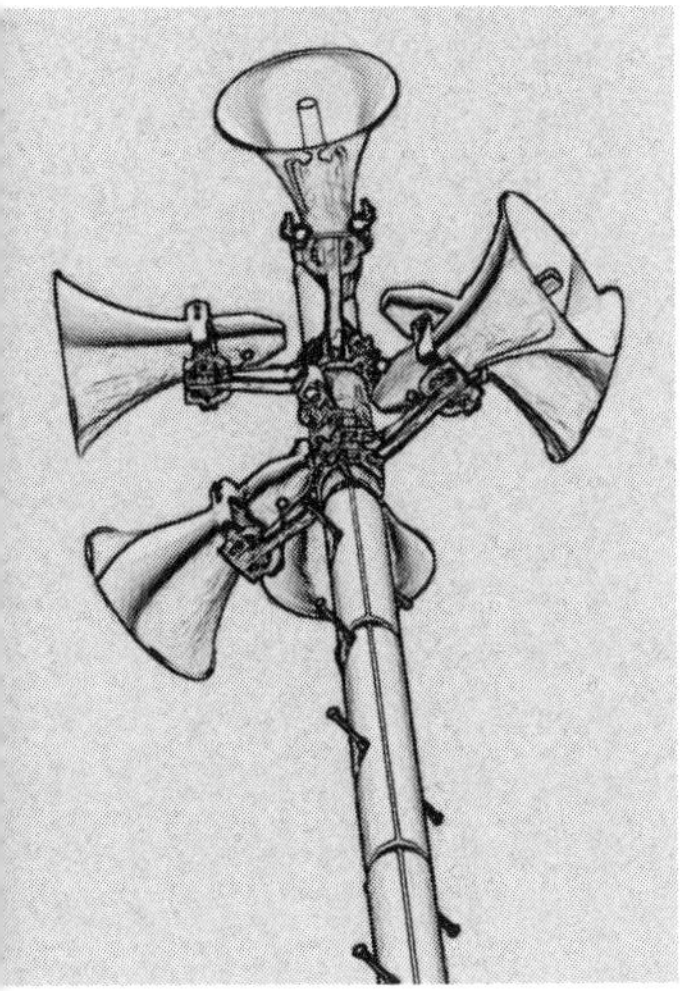

緑風出版

はじめに

「昭和の敗戦」はいうまでもなく一九四五年の太平洋戦争（アジア地域を含む）の敗戦である。また福島第一原発事故は「第二の敗戦」「平成の敗戦」と呼ばれた。事故以後、筆者は原子力災害の緊急時対応に関して『原発避難計画の検証』（合同出版、二〇一四年二月）と『原発避難はできるか』（緑風出版、二〇二〇年三月）を執筆した。それより数年が経過し、原発再稼働の増加、GX（グリーントランスフォーメーション）を口実とした原発回帰政策、汚染水放出など、原子力をめぐる新たな動きがある。いま日本の原子力政策では、事故の教訓を活かすことなく「令和のインパール作戦」「令和の特攻」が始まっており、これを方向転換しなければ「令和の敗戦」に帰着することは避けられない。二〇二三年一二月二〇日に、柏崎刈羽原発の運転禁止解除に関連した原子力規制委員会の会合で、東京電力の小早川社長は「仕組みよりも魂を入れてゆく」と繰り返し強調した。[*1] これは合理的な計画に行き詰まり精神論だけで強行されたインパール作戦そのものである。

この間に筆者は微力ながら原発訴訟に関与し、原告や代理人（弁護士）の方々から貴重な意見をいただいた。また二〇一七年九月から二〇二二年九月まで新潟県が設置した「原子力災害時の避難方法に関する検証委員会」[*2]に委員として参加した。市民の方から、それらを整理して報告してほしいとの要望もあり本書をまとめるに至った。

原子力防災の検討には、人文科学(心理学)・社会科学(経済学)・自然科学(環境工学、化学工学、交通工学)にまたがる総合的・学際的な知見が必要であり内容は多岐にわたるが、前著で取り上げた事項は省略または要約にとどめ、新たな情報や視点、前著で説明が不十分であった部分を中心に記述する。各項目にわたって観念的な議論ではなく、できるだけ具体的な数値として評価することに努めた。ただし設備(ハードウェア)の危険性(耐震性、老朽化など)と地震・津波は筆者の専門外なので本書では取り上げない。一方で筆者は交通問題にも長年かかわってきたが、報道関係の方などから、交通と原子力とは何の関係があるのかと尋ねられることがある。一見すると別の分野であるが、たとえば原子力緊急事態における避難では、その発端は原子力事故であっても大量の自動車が一斉に動く現象は交通工学の分野である。これまでの筆者の経験をもとに原子力防災の全体の構図をカバーすることに努めた。各地域の市民運動や訴訟で利用していただくための入口となれば幸いである。

第1章では、原子力災害に起因する社会・経済損失を具体的な金額として推算する方法や結果を示す。原子力災害における被害は多岐にわたり、数字で評価しうる被害の他にも、むしろ数字であらわせない被害こそ深刻である。しかし本章では、あえて金銭的価値で原子力災害の被害を評価する。それは、現時点では当事者と思っていない多くの人にとって、直接的・具体的に原子力災害の重大性を示すためである。各地の条件(人口や産業の状況など)により金額は異なるが、被害は数十兆円から数百兆円のレベルに達する。これが決して過大な推計でないことは、民間研究機関の推定による福島第一原発事故の処理費用が八〇兆円に及ぶことに照らして明らかである。

第2章では、原発と武力攻撃（特殊部隊等による攻撃も含む）について取り上げる。これまで国内の原発での緊急事態の発端として地震・津波など大規模な自然災害が主な関心であったが、二〇二二年にはロシア・ウクライナ紛争で稼働中の原発周辺で軍隊同士の交戦が発生し危機感が高まった。一方で日本周辺での軍事的緊張から、日本国内の軍事拠点が核攻撃を受ける可能性も指摘されている。原子力災害と核攻撃の被害・避難には共通の検討事項が多いため、この問題についても触れる。

第3章では、まず原子力防災の大前提となる枠組みや基準、「深層防護」の考え方などについて整理する。意外なことに、何が達成されれば緊急時対策の「実効性」があると評価するのかの議論が全く行われていない。また一般公衆の被ばく許容限度は年間一mSv（ミリシーベルト）であるのに、原子力規制庁の各種検討や基準では、緊急時には一〇〇mSvまでを許容している。原発周辺の住民に一般公衆とかけ離れた基準が適用されることにどのような根拠があるのか。また再稼働に対する同意と立地自治体の関係についても検討する。

第4章では、原子力防災の実効性の検証に際して必要となる拡散シミュレーションについて述べる。原子力防災は自然災害を対象とした防災とは異なり、住民の被ばくをどれだけ避けられるかが論点である。その第一のステップは、放射性物質がどのようなシナリオ（時間的・量的）で放出され、どのように拡散し、人間がどれだけ被ばくするかの環境科学分野のシミュレーションである。また筆者の前著では扱わなかった「屋内退避」の有効性の検討にも言及する。

第5章では、各地域の緊急時対応について検討する。緊急時対応は机上計画としては存在するが、すでに原発が再稼働している地域でさえ、それが実際に機能するのか疑わしい内容が大半を占める。緊急時対応は手続きとしては国の原子力防災会議で了承されたはずなのに、複数の訴訟で裁判所からその不備を指摘されている状態である。具体性・合理性に欠ける点について検討した結果を述べる。次にシミュレーションの第二のステップとして、想定される避難計画のもとで避難にどのくらいの時間がかかるかの検討を取り上げる。前章の拡散シミュレーションと、避難時間シミュレーションを組み合わせることによって、住民の総合的な被ばくを評価する。これが許容しうる範囲か否かで緊急時対応の実効性が評価されるべきであるが、現実にはいずれの地域でも検討が行われていない。本章ではこの問題を取り上げ具体例を示して評価する。

第6章では、原発に関する訴訟とその論点について検討する。原発の運転差し止め等を求める訴訟・仮処分がこれまで六七件提起され、本書執筆時点で係争中の事件が三二件存在する。また福島第一原発事故の避難に起因する損害賠償請求が二九件提起された。他に刑事裁判・株主代表訴訟・子ども甲状腺がん裁判などがある。各々膨大な情報が蓄積されているが、福島第一原発事故以後の変化として、差し止め訴訟では緊急時対応の実効性が争点に加わってきた。本章ではその経緯と論点について整理する。

第7章では、地域ごとに関心の高いテーマについて取り上げる。いったん事故が起きれば最も苦労するのは地元の市町村とその住民である。筆者が各地域にうかがうと必ず「当地域は他と異なる特異性はあるか、緊急時対応は他と比べて優劣はあるか」と質問を受ける。筆者の評価では、個々の地域差や優劣よりも原子力防災そのものに共通する不合理性のほうが大きいが、それでも緊急時対応の観点では地域の特殊性もみられる。筆者は全地域を訪問したわけではないが、検討した限りで地域特有の問題を取り上げる。

第8章では、原子力推進者が展望のない暴走に向かっている現状を示す。原子力は「宝くじ」だという比喩がある。宝くじを買い続ければ多少の当選金が得られるかもしれないが出費のほうが多く割に合わない。原子力は夢を買っているだけである。原子力推進者の中には福島第一原発事故が「勝利」だと主張する者さえいる。「放射線による健康被害は一人もいない」「事故処理や復興で放射線防護が適切に行われた」「事故の経験を活かして原子炉の安全性は高まった」という。先の戦争で、戦局が不利になればなるほど客観的な情勢判断を放棄して自暴自棄的な作戦を繰り返し「一撃講和論」「ソ連の仲介」などで戦争の終結を先送りして多くの人命を失い、国富の喪失を招いた旧日本軍と思考プロセスが酷似している。また日本の原子力政策は導入以来「平和利用」が掲げられてきた一方で、核兵器・軍事との関連が絶えず懸念されてきたが、原子力と核兵器の関連についても検討する。「次世代原子炉」にも展望はない。

なお用語に関する注意として、しばしば「線量」と通称されるが、「線量率」すなわち時間あたりの線量（通常はμSv・ミリシーベルト／時など）と、「線量」すなわち一定時間で累積した被ばく量（通常はmSv・ミリシーベルトなど）を区別する必要がある。また放射線に関する数値は桁数が大きく、工学単位（一〇の〇〇乗）で表記するとわかりにくいとも思われるが、これを漢字表記（億・兆・京）にしたところで感覚的に把握しにくいことは変わらないのでそのままとしている場合がある。

本書では多くの先行研究や資料を引用させていただいたが、各著者の所属・専攻等は執筆当時のものである。また引用に際して漢数字への変換や工学的な単位を片仮名書きにするなど体裁上の統一を施している。年号は原則として西暦によるが、裁判記録や公文書等については元号のままの場合がある。また裁判では「差止」「取消」等と表記されるが、本書では一般的に「差し止め」「取り消し」等と表記して厳密に区別していない。

インターネット上の引用はURLを記したが、新聞・雑誌等の記事は掲載期間の限定や閲覧制約（有料）があり、その他もリンク切れあるいは内容が削除・変更される場合がある。統計類は最新のデータを使用するように努めたが、調査周期が長い大規模な調査（国勢調査など）や、新型コロナの影響で調査中止・延期などによりデータの更新が滞っている場合がある。単行本では随時の更新はできないのでご了解いただきたい。

注

1 『東京新聞』二〇二三年一二月二〇日ほか各社報道。

2 新潟県「福島第一原発事故に関する3つの検証について」二〇二三年九月一三日。https://www.pref.niigata.lg.jp/sec/genshiryoku/kensyo.html

原子力防災の虚構◉目次

7 地域のトピックス……199

8 「令和のインパール作戦」に向かう原子力……227

1 迫る「令和の敗戦」

原子力災害における被害推計

原子力災害における被害は多岐にわたり、物的被害から人命・健康の被害、さらにはそれらに起因する精神的被害にも及ぶ。数字で評価しうる物的被害ならば金銭的賠償がありうるが、むしろ数字で表わせない被害のほうが対処困難であり深刻ではないだろうか。しかし本章では、あえて金銭的価値で原子力災害における被害を評価する。もとより精神的被害などを軽視する趣旨ではなく、現時点では当事者と思っていない多くの人に対して、直接的・具体的にわかりやすく原子力災害の「規模感」を示すためである。ベクレル、シーベルト、確率的影響といった評価では、被害の態様が直感的にわかりにくい。これに対して、金額として表示される経済被害として示すことにより、原子力想定事故の影響がいかに甚大であるかわかりやすくなる。これより本章では、現時点で再稼働中あるいは再稼働の可能性がある全国の原発について、想定事故により引き起こされる経済被害を推計して示す。

原子力災害では、核兵器のような瞬間的な物理的被害ではなく、被害の形態は被ばくに起因する人体への確率的影響と、またそれを回避するための行動（避難・一時移転や屋内退避等）に起因する社会的・経済的支障である。被害推計の手順として、第一に、事故シナリオを想定し、放射性物質の放出量や放出形態、その他の設定条件により拡散シミュレーションを行い、どこにどれだけ放射性物質が到達し、それに起因する被ばく（実用上はミリシーベルト・mSvで表示）が想定されるかを推計する。第二に、その想定される被ばくに対して、防災上の基準に照らしてどのような回避行動（前述）を必要とするかを推定する。第三に、その回避行動に起因してどのような社会的・経済的影響（居住や就業ができなくなる）が生じるかを推定する。それは当事者だけではなく、生産や流通のしくみを通じて日本全体のマクロ経済に波及する。

原発事故で発生する被害額

福島第一原発事故は多岐にわたる被害をもたらしたが、現時点で数字化（金銭化）されている分だけでも巨額にのぼる。福島第一原発事故で東京電力が支払った賠償額は、被害の全容に対しては一部に過ぎないとはいえ一〇兆九九七四億円（二〇二三年一二月一日時点）である。[*1] また二〇二二年七月、株主代表訴訟において東京地方裁判所は東京電力の旧経営陣に対して総額一三兆三二一〇億円の損害賠償を命じた。[*2] 判決では「周辺環境に大量の放射性物質を拡散させる過酷事故が発生すると、当該原子力発電所の従業員、周辺住民等の生命及び身体に重大な危害を及ぼし、放射性物質により周辺環境を汚染することはもとより、国土の広範な地域及び国民全体に対しても、その生命、身体及び財産上の甚大な被害を及ぼし、地域の社会的・経済的コミュニティの崩壊ないし喪失を生じさせ、ひいては我が国そのものの崩壊にもつながりかねない」と指摘している。

損害賠償とは別の枠組みであるが、民間研究機関の推定例では、処理費用は除染や廃炉の費用を含めて日本全体で三五〜八〇兆円[*3]との推定もある。また経産省は二〇一六年一〇月から二〇一七年七月にかけ「東京電力改革1F問題委員会（以下「東電委員会」）」を開催し、その第六回では、福島事故に関連して確保すべき資金として廃炉に八兆円、賠償八兆円、除染六兆円の総額二二兆円とされた。[*4]これも社会経済的な損失のごく一部でしかなく、大島堅一（龍谷大学・経済学）は過小と批判しているが、[*5]それでも数十兆円の桁に達することは間違いない。注意すべきは、福島第一原発事故では炉内に保有されていた放射性物質の一〜三％（セシウムにして）が環境中に放出されたただけで、しかもその八割程度は風向の影響で海上に拡散し、陸上に到達したのは二割程度にすぎないと推定されているにもかかわらず、この被害を生じたことである。「福島でさえ」との表現では語弊があるかもしれないが、被害範囲が大都市圏に及べばこのような額では済まないことも自明である。

ここまでは実際に発生した福島第一原発事故に起因する被害であるが、原発の想定事故に関する被害推定自体は一九六〇年代から行われていた。東海発電所（初代）が稼働するときに政府は「原子力損害の賠償に関する法律」の策定のために、過酷事故の予想を原子力産業会議に依頼した。そこで予想された放射能の放出は福島原発事故の規模に相当し、賠償額は三・七兆円（当時の国家予算の二倍）と推定している。[*6]しかし政府はこれを公開せず予測の実施自体も否定していたが、一九九九年になって国会で指摘され明らかになった。[*7]その後も、二〇〇五年に朴勝俊により関西電力大飯3号機を事例に経済的損失が試算されている。[*8]主な結果として、気象条件などにより異なるが、最大で経済被害四六〇兆円、人的損害で急性死一万七〇〇〇人等と推定されている。朴推計では「人的損害」「物的損害」の二分野について推計している。人的損害では人間の生命・健康の喪失を金額（統計的生命価値）[*9]で評価している。生命・健康を金額で評価することの意味や倫理的課題についてここでは触れないが、たとえば急性影響・晩発性影響による生命の喪失を一件（一人）あたり約四億五〇〇〇万円（当時）と評価している。また物的損害として避難費用・所得・物的資本・農産物・漁業の各々の損失を集計している。各々の数値の算出法については詳細にわたるので、朴論文を参照していただきたい。いずれにしても朴推計の六年後に実際に福島第一原発事故が発生する。

この朴推計に対して、当時の原子力推進者から非現実的、過大推計、根拠もなく人々の恐怖を煽るなどと強い批判[*10]が寄せられた。しかし前述のようにすでに政府でも国家予算の二倍という被害推計が行われていたことに照らせば、朴推計でもなんら過大推計ではない。朴推計を過大と批判したのは小笠原英雄・天野牧男・林勉・石川迪夫らであり、現実に発生した福島第一原発事故に照らしてその不見識は明らかであるが、いまだにその弁明を聞かない。朴推計では、大飯3号機について炉内に保有されていたセシウムの五〇%が放出されるシナリオを設定しているが、現実の福島第一原発事故では、朴報告の想定よりもはるかに小さい放出規模でありながら数十兆円単位の経済被害を生じた。福島事故では事象のさらなる進展により燃料プールからも放射性物質の放出が始まり首都圏まで避難対象となる「近藤シナリオ[*11]」が公開されているが、そのような事態が回避されたのは単なる偶然であった。[*12]

現時点での新たな推計

福島第一原発事故以後、二〇一三年九月から二〇一五年八月まで原発の稼働ゼロが続いたが、その後再稼働が進み、現時点（二〇二三年一〇月）では西日本を中心に加圧水型（PWR）が一二基再稼働し、また東日本を中心とする沸騰水型（BWR）の五基が新規制基準に適合し再稼働が予定されている。こうした状況にもとづき、全国の原発について被害の推計を試みた。再処理施設に関しては後述（第7章）する。なお推計方法は朴推計とは異なり、人的損害は加算していない。その結果、たとえば東海第二に関しては六六五・五兆円の損害が推計され、メディアで紹介された[*13]。全国の地域に対する試算結果は後述する。

朴推計の時点と異なる事情として、福島第一原発事故以後に「原子力災害対策指針（後述）」が二〇一二年に策定され、緊急時に避難すべき条件が数値で示されたことである。同指針によれば、原発から概ね五km圏では、緊急事態の宣言とともに、放射性物質の放出の有無にかかわらず事前避難が求められる。また概ね五km〜三〇km圏では、いったん屋内退避を実施し、モニタリングにより空間線量率が毎時五〇〇マイクロシーベルト（OIL1・第3章参照）に該当した場合は数時間内を目途に避難し、また毎時二〇マイクロシーベルト（OIL2・同）に該当した場合は一週間程度内に一時移転するとされている。避難・一時移転はもとより屋内退避であっても、住民の社会経済活動や就業は停止せざるをえない。また三〇km以遠については現時点では明確な基準がないが、放射性物質の拡散が三〇kmラインで止まるわけではないから被ばくは連続的に発生する。どの地点でも、OIL1やOIL2の避難・一時移転の条件に該当した地域で

図1－1　各地域の想定事故における影響範囲

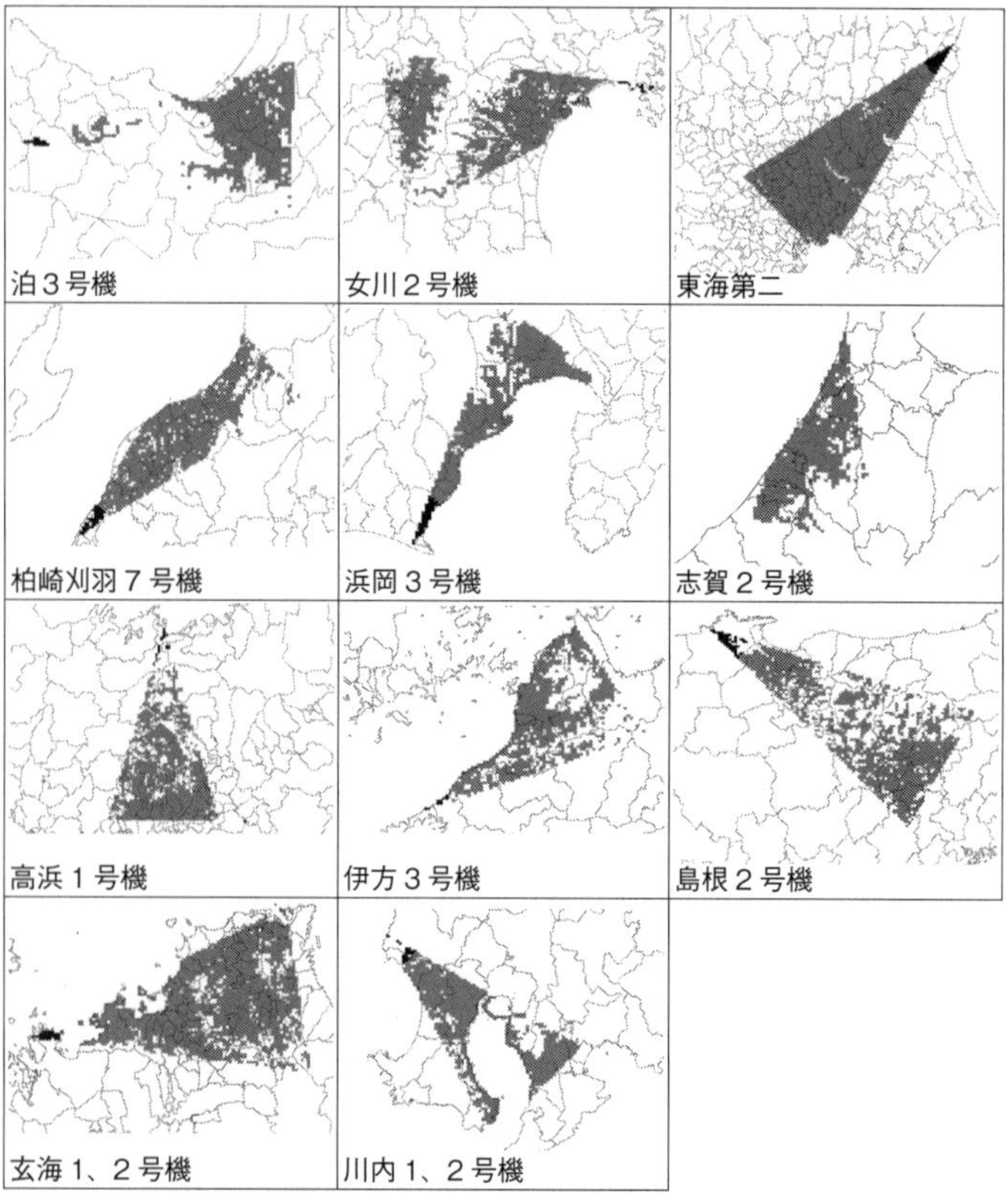

は、三〇km以遠だからといって平常通り社会・経済活動が継続されるとは考えられないから、影響範囲として推計の対象とする。各地域での影響範囲の一覧は次の**図1－1**のようになる。

影響範囲の一覧

前述のように、第一のステップとして事故シナリオを想定して放射性物質の放出量や放出形態、気象条件等を設定して拡散シミュレーションを行い、どこにどれだけ放射性物質が到達するかを推計し、住民の避難が必要となる影響範囲を設定する。拡散シミュレーションには多くの方法があり、各々の妥当性は第4章で検討するが、ここではまず結果の要約を示す。

事故シナリオとして、まず加圧水型（PWR）については、原子力規制庁は緊急時対策の目安として、「新規制基準に適合した炉で想定される損傷による放出が、セシウム137にして一〇〇テラベクレル（その他の核種はセシウム137と同じ割合で換算された量、希ガス類は全量、環境中に放出）を上回らない」[*14]との試算が行なわれているため、その条件を適用した。沸騰水型（BWR）について同様の試算は原子力規制庁では行われていない。沸騰水型については、同型の福島第一原発で現実に放射性物質の大量放出が発生したことから、事故時の実績解析に基づき1～3号基のうち放出量が最も多かったと推定される2号基からの放出量に相当する数値とした。報告者により異なる推定値がみられるが（第4章）、ここでは旧原子力安全・保安院による報告値[*15]を利用する。

フローの経済損失

前述の影響範囲において、①住民がいなくなることによる消費活動の停止により波及する生産の停止、②避難対象範囲の各産業（第一次～第三次）の従業者がいなくなることによる生産活動の停止から波及するGDPの減少分を合計する。また雇用者所得の減少や雇用の消失も推計される。影響の積算期間として、いつまで影響が残るかの推定は困難であるが、福島第一原発事故の影響地域では、事故後一二年（本書執筆時点）経過しても原状に回復したとはとうていみなせない状態にあり、少なくとも一五年は影響が継続するとした。

消費の増減（経済用語としては「最終需要」）などの変動に対する経済影響の試算には、産業連関モデル・マクロ計量モデル・応用一般均衡モデルなどがあり各々一長一短があるが、ここでは基礎データがよく整備されていて客観性（誰が行なっても同じ結果になる）がある産業連関モデルを使用する。産業連関分析とは、ある産業に需要が発生すると、連鎖的にさまざまな産業に経済効果が波及する効果を推計する方法である。産業連関分析については多くの参考資料[*16]や既存のソフトウェア等が提供されているのでそちらを参照していただきたい。なお産業連関データの確定版は五年ごとに公表されるが、膨大な統計であり毎年更新はされないので、ここでは利用できる最新版として二〇一五年のデータを使用する。

産業連関分析は、しばしば「公共事業の経済効果」「イベントの経済効果」等として「GDP押し上げ効果が云々」等と報告される計算方法と同じであるが、ここでは原子力災害に伴う住民の消失に起因するマイナス（GDP押し下げ）方向への変化となる。厳密には地域別に消費性向（収入のどれだけを支出に回すか）が多少異なるが、そこまで分離する必要性は乏しいので、全国的な平均として該当する住民数に比例した消費が消失するものとする。

東海第二原発を例にとれば、日本の人口一億二七一〇万人のうち、影響人口は一一八四万人が該当し、日本の人口の一割弱が該当する。これは避難範囲が北関東から首都圏の東京二三区まで及ぶためである。また計算上の避難範囲を外れても、住民が平常通り生活や就業を続けるとは思われないが、その範囲がどこまで及ぶかは推定が困難なので、あくまで計算上の範囲としてＯＩＬ１・ＯＩＬ２に該当する範囲に対して集計した。

就業者の変化は、同様に経済センサス活動調査のデータとして産業分野別の就業者数[*17]が提供されている。災害時は公務員の業務は継続されて変化はなしとした。このOIL1・OIL2に該当する範囲の就業者が活動を停止し、それに比例して生産活動が停止することに伴う国内総生産（GDP）の変化として現れるものとした。人口・世帯数は国勢調査メッシュデータ[*18]より、分野別従業者数は経済センサス活動調査メッシュデータ[*19]を用いている。

ストックの毀損

住民や従業者は避難できるが、移動が不可能な土地・建物、企業の生産設備などの固定資産は使用価値を失うから、その資産価値の毀損をカウントする。固定資産等の毀損額の推計については、内閣府資料の「東日本大震災によるストック毀損額の推計方法について」[*20]を参考にした。直接的被害額の推計の対象となるストックの項目として、同資料では建築物・ライフライン・公共施設など多岐にわたる項目が列挙されているが、データの制約から全項目の推計は難しく、推計対象として「宅地家屋」と「民間企業資本ストック」とした。内閣府資料では「民間企業資本ストックは内閣府社会経済総合研究所「民間企業資本ストック」」、社会資本ストックは内閣府政策統括官（経済社会システム担当）「日本の社会資本 二〇〇七」を利用している。住宅については、内閣府社会経済総合研究所「国民経済計算確報（ストック編）[*21]」に掲載されている住宅の期末残高をもとに、総務省「国勢調査」から得た世帯数を用いて、都道府県別に按分したとしているので、本試算でもそれに準じた。

伊方3号機 （PWR・890MW）	PWR（800MW級）を対象とした規制庁「参考レベル」の前提値	GDP 22.3 宅地家屋 8.7 企業固定資産 6.1	37.1
島根2号機 （BWR・820MW）	福島2号機の放出実績（旧原子力保安院推定）	GDP 12.6 宅地家屋 4.3 企業固定資産 4.3	21.2
玄海3、4号機 （PWR・1180MW）	PWR（800MW級）を対象とした規制庁「参考レベル」の前提値を出力比例で補正 ただし2基連発放出は想定せず1基分のみ	GDP 125.4 宅地家屋 49.6 企業固定資産 38.5	213.5
川内1、2号機 （PWR・890MW）	PWR（800MW級）を対象とした規制庁「参考レベル」の前提値 ただし2基連発放出は想定せず1基分のみ	GDP 25.4 宅地家屋 10.1 企業固定資産 7.4	42.8

社会経済損失一覧

以上の考え方で、全国の原発について試算した結果の概要を**表1－1**に示す。原発ごとの人口分布状況、産業構成等により大きさは異なるが、いずれも各都道府県のGDPの数十倍規模に達する。データの制約から、経済損失や固定資産毀損に関して全項目を網羅できないこと、生活妨害など無形の価値が考慮されていないことなどから、これでもむしろ過小評価といえる。被害想定は事故の進展や気象条件により大きく異なる場合もあるが、かりに事故想定が本報告の数分の一ないしは数十分の一であったとしても兆円の単位に達する。

一方で発電事業者が原発を稼働することにより得られる利益は、原子力推進者によれば目安として一基・一日の稼働で一～二億円の収益改善効果があり、年間では数百億円の価値を生み出すとしている。[*22] し

表1－1　社会経済損失一覧

対象	放出想定	経済活動（GDP）被害・宅地建物・民間企業固定資産毀損（兆円単位）	合計*23（兆円）
泊3号機（PWR・912MW）	PWR（800MW級）を対象とした規制庁「参考レベル」の前提値*24 ただし隣接号機の連発放出は想定せず1基分のみ	GDP 71.8 宅地家屋 29.6 企業固定資産 18.0	119.4
女川2号機（BWR・825MW）	福島2号機の放出実績（旧原子力保安院推定*25）	GDP 62.6 宅地家屋 23.9 企業固定資産 20.1	106.5
東海第二（BWR・1110MW）	同上	GDP 398.1 宅地家屋 157.7 企業固定資産 109.7	665.5
柏崎7号機（ABWR・1356MW）	福島2号機の放出実績（旧原子力保安院推定）ただし隣接号機の連発放出は想定せず1基分のみ	GDP 40.4 宅地家屋 13.6 企業固定資産 14.4	68.4
浜岡3号機（BWR・1137MW）	福島2号機の放出実績（旧原子力保安院推定）ただし隣接号機の連発放出は想定せず1基分のみ	GDP 44.6 宅地家屋 15.5 企業固定資産 16.4	76.5
志賀2号機（ABWR・1358MW）	福島2号機の放出実績（旧原子力保安院推定）	GDP 26.5 宅地家屋 9.6 企業固定資産 9.0	45.5
高浜1号機（PWR・830MW）	PWR（800MW級）を対象とした規制庁「参考レベル」の前提値 ただし隣接号機の連発放出は想定せず1基分のみ	GDP 119.5 宅地家屋 44.3 企業固定資産 22.3	186.0
大飯・美浜は高浜の近隣にあり同程度とみなす。ただし隣接号機の連発放出は想定せず1基分のみ。			

かし予想される損害と比較すると、経済学的な観点からも原発の稼働は全く割に合わないリスクを内包しているといえる。

前述の被害推計は数字の桁が大きく実感が湧かないかもしれないが、これがどのくらいの規模なのか、たとえば太平洋戦争（アジア地域を含む）における日本の被害と比較してみる。戦争の被害として、日本の占領・戦闘地域での相手国の被害も考慮すべきであるが、それは他の資料に委ねるとして、ここでは記録されている物的・人的被害を示す。太平洋戦争の被害に関しては詳細な資料が「国富の損失」としてまとめられている。[*26] 物的損失については、民間資産として空襲などで財貨が直接的に失われた直接分と、疎開による取り壊しや補修不能による機能喪失など間接分の合計、また軍事資産としては装備や施設などである。原資料は当時（一九四五年）価格で表示されているが現在価値（デフレータ）に換算すると、民間資産（建築物・財貨・インフラ・その他）二八六兆円、軍事資産（艦艇・航空機・その他装備）四六六兆円の損失が推計されている。すなわち原子力災害の経済損失は太平洋戦争の被害に匹敵する額となる。まさに「令和の敗戦」である。原資料の作成者は「これらのすべてを考え合わせれば、我国の戦争全被害は想像できないほど膨大なものとなり、今日の如き貧困なる経済力しか持たない我国において、その復元を十数年の短期間に望むことは到底不可能であり、それには、なお、更に相当の長年月を要するものと考えざるをえない。ここに我々は、戦争の恐怖と無益とを深く認識し、あらゆる面から今後これを防止するよう努力しなければならない」と記述している。[*27] 原子力災害も起きてから「恐怖と無益とを深く認識」を繰り返すのだろうか。

日本を救った菅直人元首相

二〇二三年一一月五日、福島第一原発事故に直面した菅直人首相（民主党・当時）は選挙区から立候補しない（いわゆる引退）ことを正式に表明した。[*28] 事故当時、三月一五未明に東京電力が現場からの撤退を示唆した際に、菅直人首相が「撤退はあり得ない」と強く指示したことがその後の展開を大きく変えた。この記録について東京電力は、映像はあるが音声のスイッチを入れ忘れたとして公開を拒んだ。

その後、朝日新聞の努力により一部が公開されたほか文書として記録されている。[*29] 映像自体はデータ化され東京地裁に保管されているが公開されていない。事故後に「政府事故調」が設置され、七七二名の関係者に対してヒアリングが行なわれた。これは後に朝日新聞が「誤報」として不当な批判を受けた「吉田調書事件」に関連するが、ここではその経緯は省略する。他に「国会事故調」では一一六七名に対してヒアリングが行なわれた。いずれも客観的資料として貴重であるにもかかわらず、東電の拒否により現在も公開されていない。[*30]

東電の撤退に関しては、当時の状況では現場では高度被ばくの可能性があり、東電と協力会社の社員は、自衛隊員・警察官・消防官のような指揮命令体系には服していないから、収束作業の道義的責任があるとしても緊急避難行為として撤退を検討したこと自体は批判できない。また実際に高度被ばくで行動力を失えば現場に留まる意義がない。これに対して政府が何らかの命令を下す権限はなく、菅直人首相の指示はまさに超法規的判断であった。事故当時の菅直人首相の対応については今も賛否両論があるが、菅直人首

図1－2　東電が撤退した場合の影響範囲

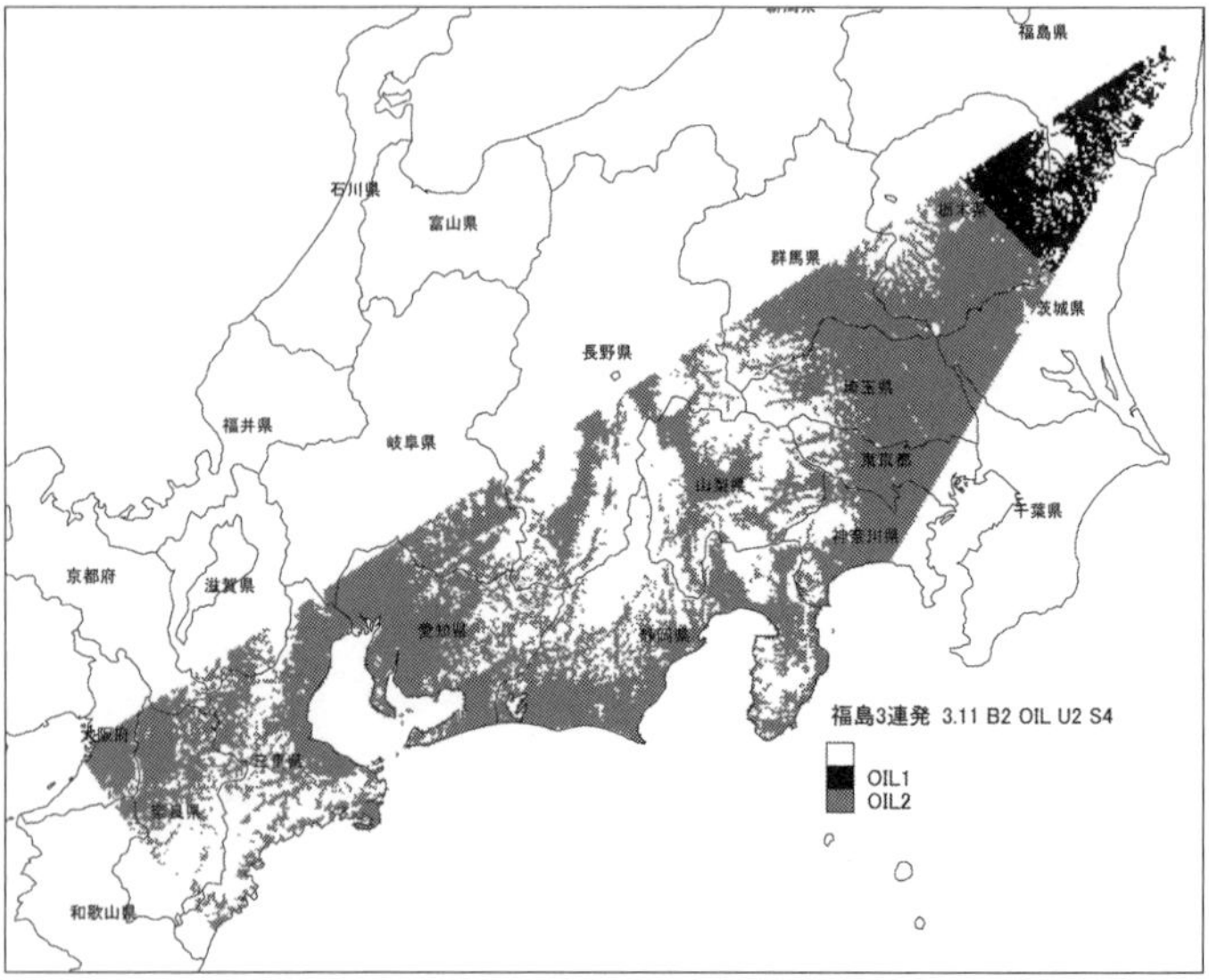

相の指示がなければ、すなわち事故時に自民党政権であったら、あるいは民主党であっても他の首相の政権であったら、さらに被害が拡大したことは確実である。

その場合に事態はどのように進展し、日本にどのような被害が生じたか、前項と同じ手法により社会経済的損失を推計する。その後の展開について確定的なシミュレーションを行なう手法はないが、一つの目安として米国原子力規制委員会（NRC）による「原子炉安全研究」という評価がある。*31 そのうち福島第一原発と同じBWR（沸騰水型）で「炉心溶融が発生した後、格納容器の防護機能も喪失して容器内部圧力が上昇して破裂」というシナリオがあり、この事象が1～3号機で発生したと仮定する。

加えて、4号機（原子炉は停止中）の使用済み燃料プールの崩壊が懸念されていたが、これは菅首相の判断とは関係なく偶然の経緯でプールに水が流入して回避されたので想定に加えない。[32]ただしこれに関しては、建屋への水素の滞留を懸念した東電幹部が自暴自棄に陥り、自衛隊に依頼してヘリコプターから物を落として建屋の天井を突き破るとか、海側から砲撃で建屋の壁を吹き飛ばす等を提案しており、[33]その巻き添えで燃料プールの崩壊も引き起こした可能性がある。崩壊に至らないまでも廃炉作業にますます困難をもたらしたであろう。その結果、影響範囲は**図1−2**のようになり、ＧＤＰ一四六一兆円、宅地家屋五四九兆円、企業固定資産四三〇兆円の被害が推定される。これは現在の日本のＧＤＰの四倍以上にあたる。もし事故当時に菅直人首相でなかったら本当に日本壊滅であった。

汚染水放出の経済被害推計

まず水産物の禁輸に起因する被害について試算する。二〇二三年年八月二四日に福島第一原発事故の汚染水の海洋放出が開始された。これを受けて中国は日本からの水産物の禁輸を発表した。香港・マカオその他太平洋諸国もこれに追随する可能性がある。これによる国内への経済影響を推計した。汚染水放出前年の二〇二二年には日本から中国（香港・マカオも追随するとして）に水産物九二二億円、水産加工品四四四億円が輸出されている。[34]もしこれらの輸出が止まると、単に漁業者の損害だけではなく流通システム全体に派生的な被害が発生する。この影響を前述のように産業連関分析を使用して推計する。なおそれ以前に福島県だけでも漁業に最大で年額一〇〇億円近い直接的な被害が出ている。[35]禁輸措置がどの程度の期間継続するかは予測しにくいが、かりに汚染水放出の予想期間の三〇年間として試算すると、ＧＤＰとして四兆四八八一億円（うち雇用者所得二兆七三六億円）の損失に相当する。また流してしまった放射性物質は回収できないから、汚染水の放出が終わった後にも禁輸の理由を与え続けることになる。放射性物質そのものの有害性とともに、東電の経費節減のために日本経済全体に五兆円近い損害を与える政策が正当かという議論が求められる。二〇二三年九月九日に「公益財団法人国家基本問題研究所」なる団体が一部のメディアに「日本の魚を食べて中国に勝とう」との意見広告を掲載したが、漁業者の支援にならないばかりか国益を損なう愚行といえよう。*36

漁業の被害とともに、訪日客減少による経済被害もある。報道によると、汚染水放出後に中国から日本行き航空券の予約数が三割減少しており、汚染水放出の影響とみられるという。*37 中国からは、コロナ前の二〇一九年には年間約八六〇万人の訪日客（観光目的）があり、一人平均で買物一〇万九〇〇〇円、宿泊四万五〇〇〇円など、合計約二一万円を消費している。*38 減少がいつまで続くかは予測しにくいが、訪日客の三割減少が三〇年間続くとして、水産物被害と同様に産業連関分析を使用して推定した。その結果、GDPとして二〇兆一八二五億円（うち雇用者所得一〇兆一六二三億円）の損失に相当する。これは漁業被害をはるかに上回る額となる。

核ごみ最終処分場誘致に起因する損失

長崎県対馬市議会は、二〇二三年八月に高レベル放射性廃棄物の最終処分場選定について、建設業団体が提出した「調査受入れ」の請願を採択した。地元の建設業団体が経済効果を期待したためと考えられるが、それは逆効果になる可能性がある。「核ごみ誘致」は結果として地域の経済に損失をもたらすからである。対馬市は観光も大きな産業であり、コロナ前は日帰りと宿泊を合わせて年間約四〇万人の観光客が訪れている。

対馬市は「豊かな自然、歴史、文化」をアピールして観光客を誘致しているが、もし本当に「核ごみの町」となったら、観光のイメージが大きく損なわれて観光客が激減する可能性がある。かりに建設するとして、工事期間中は経済効果があるかもしれないが、最終処分場は原発と違って基本的に放射性物質を置いておくだけだから、工事が終わったら経済効果は乏しい。その一方で観光客が半減したとしてどのくらいの経済損失があるか、長崎県が提供している経済波及効果分析ツール[*39]と観光統計データ[*40]を使って試算すると、三〇年間で約二〇〇〇億円のGDPの喪失になる。

一方、市議会では「調査受入れ」の請願が採択されたのに対して、比田勝尚喜市長は同年九月二七日の定例市議会で「市民の合意形成が不十分」「風評被害が少なからず発生すると考えられる」として調査を受入れないことを表明した。同日の記者会見で市長は、①市民の合意形成が不十分で分断が起きている、②風評被害への懸念がある、③文献調査ではとどまらず次の段階に進む可能性がある、④市民に理解を求めるまでの条件・計画が揃っていない（避難計画等）、⑤将来的な想定外の要因による危険が排除できない等の要因を挙げて説明した[*41]。ただし賛成・反対にかかわらずこれまで出てしまった核ごみの最終処分は避けられないとの指摘がある[*42]。政府が原子力回帰を推し進め今後もさらに核ごみを増やし続けるという前提では、どこも協力が得られるはずがない。「これから原発は一切やめるから、これまでの分について何とか協力してくれないか」という姿勢が地元と交渉する最低限の条件である。

注

1　東京電力「賠償金のお支払い状況」https://www.tepco.co.jp/fukushima_hq/compensation/results/

2　河合弘之・海渡雄一・木村結編著、只野靖・甫守一樹・大河陽子・北村賢二郎著『東電役員に一三兆円の支払いを命ず！』旬報社、二〇二二年。東電株主代表訴訟ウェブサイト　https://tepcodaihyososho.jimdosite.com/

3　（公社）日本経済研究センター「事故処理費用、四〇年間に三五～八〇兆円に」二〇一九年三月七日。

4　後藤秀典『東京電力の変節　最高裁・司法エリートとの癒着と原発被災者攻撃』旬報社、二〇二三年、七三頁。

5　大坂恵里・大島堅一・金森絵里・松久保肇・除本理史「『東電改革』と福島原子力発電所事故の責任：改革提言に至る議論とその後の検証」『経営研究』大阪市立大学経営学会、七二巻一号、四四頁。

6　科学技術庁・原子力産業会議「大型原子炉の事故の理論的可能性及び公衆損害に関する試算」一九六〇年。https://iss.ndl.go.jp/books/R100000002-I000002793170-00

7　一九九九年四月二七日と五月二七日の参議院経済・産業委員会での指摘により公開された。

8　朴勝俊「原子力発電所の過酷事故に伴う被害額の試算」『國民經濟雜誌』一九一巻三号、二〇〇五年。

9　人の生命の価値を貨幣価値に直接換算する方法はないが、第一に、ある方法によって死亡確率を削減することができるとして、それに対して支払っても良いと考える金額（支払意思額・WTP）をアンケート等により求める。第二にそれを死亡確率削減量で割って得られる値を統計的生命価値（VSL

10　エネルギー問題に発言する会「私の意見」小笠原英雄・天野牧男・林勉・石川迪夫。http://www.engy-sqr.com/watashinoiken/index.htm

11　『福島原発事故独立検証委員会調査・検証報告書』二〇一二年三月、八九頁。

12 『朝日新聞』「吉田調書」ウェブサイト、エピローグ「水面が見えた」。http://www.asahi.com/special/yoshida_report/epilogue.html
13 『東京新聞（茨城版）』「東海第二 事故の経済被害六〇〇兆円」二〇二三年六月二二日。なお記事の時点から計算の見直しにより数値は多少異なっている。
14 原子力規制庁「原子力災害時の事前対策における参考レベルについて（第4回）資料6」（平成三〇年九月一二日）のうち参考資料2と題するもの。https://www.nsr.go.jp/data/000245214.pdf
15 旧原子力安全・保安院「東京電力福島第一原子力発電所の事故に係わる1号機、2号機及び3号機の炉心の状態に関する評価について」二〇一一年六月六日。https://dl.ndl.go.jp/info:ndljp/pid/6017222
16 総務省「産業連関分析について」https://www.soumu.go.jp/toukei_toukatsu/data/io/bunseki.htm
17 「産業（大分類）別事業所数及び従業者数」https://www.e-stat.go.jp/gis/statmap-search?page=1&type=1&toukeiCode=00200553
18 総務省統計局「統計地理情報（国勢調査）」https://www.e-stat.go.jp/gis/statmap-search?page=1&type=1&toukeiCode=00200521
19 総務省統計局「統計地理情報（経済センサス活動調査）」https://www.e-stat.go.jp/gis/statmap-search?page=1&type=1&toukeiCode=00200553
20 岩城秀裕・是川夕・権田直・増田幹人・伊藤久仁良「東日本大震災によるストック毀損額の推計方法について」内閣府政策統括官室「経済財政分析ディスカッションペーパー（DP／11－1）」、二〇一一年一二月。https://www5.cao.go.jp/keizai3/discussion-paper/dp111.pdf
21 内閣府「国民経済計算年次推計（ストック編）」国民資産負債残高 https://www.esri.cao.go.jp/jp/sna/data/data_list/kakuhou/files/2021/2021_kaku_top.html

22 日本原子力学会『日本原子力学会誌』二〇二三年六号、三頁。

23 四捨五入により端数が一致しないことがある。

24 前出・原子力規制庁「原子力災害時の事前対策における参考レベルについて」https://www.da.nsr.go.jp/file/NR000056048/000245214.pdf

25 旧原子力安全・保安院「東京電力福島第一原子力発電所の事故に係る1号機、2号機及び3号機の炉心の状態に関する評価について」二〇一一年六月。https://dl.ndl.go.jp/info:ndljp/pid/6017222

26 中村隆英・宮崎正康編『史料・太平洋戦争被害調査報告』東京大学出版会、一九九五年。同著は経済安定本部総裁官房企画部調査課「太平洋戦争による我国の被害総合報告書」一九四七年を復刻したもの。

27 前出・中村隆英・宮崎正康編、二七六頁。

28 『東京新聞』「菅直人・元首相が次期衆院選で東京一八区不出馬」二〇二三年一一月五日ほか各社報道。

29 福島原発事故記録チーム編、宮崎知己・木村英昭・小林剛著『福島原発事故 タイムライン二〇一一－二〇一二』岩波書店、二〇一三年、九七頁。

30 河合弘之・海渡雄一・木村結編著、只野靖・甫守一樹・大河陽子・北村賢二郎著『東電役員に一三兆円の支払いを命ず！』旬報社、二〇二二年、三一頁（木村結担当）。

31 Reactor Safety Study: NUREG-75/014(WASH-1400), Appendix VI, p.3.3

32 前出『朝日新聞』「吉田調書」ウェブサイト。

33 NHK「東京電力テレビ会議」二〇一一年三月一三日（一四時四五～五三分）https://www3.nhk.or.jp/news/special/shinsai6genpatsu/pdf/minutes_20110313.pdf

34 財務省税関「水産輸出統計」https://www.customs.go.jp/yusyutu/2022_01_01/data/j_03.htm

35 福島県「海面漁業漁獲高統計」https://www.pref.fukushima.lg.jp/sec/36035e/suisanka-toukei-top.html

36　田村和弘［「日本の魚を食べて中国に勝とう」はむしろ中国の思うツボである理由］https://agora-web.jp/archives/230910105919.html
37　二〇二三年八月三〇日、ＡＮＮ ＮＥＷＳその他各社報道。
38　政府観光統計。https://statistics.jnto.go.jp/
39　長崎県「経済波及効果分析ツール」。https://www.pref.nagasaki.jp/bunrui/kenseijoho/toukeijoho/renkan/27io/542041.html
40　長崎県「観光統計データ」。https://www.pref.nagasaki.jp/bunrui/kanko-kyoiku-bunka/kanko-bussan/statistics/kankoutoukei/296549.html
41　日テレＮＥＷＳ「長崎・対馬市長が会見〝核のゴミ〟処分場文献調査「受け入れない」表明」。https://www.youtube.com/watch?v=w1wNiANsgtY
42　『毎日新聞』二〇二三年八月一六日。

2 武力攻撃と被害

原発・核施設に対する武力攻撃

これまで国内の原発に対しては緊急事態の発端として自然災害が主な関心であったが、二〇二二年二月には、ロシアがウクライナに対して軍事行動を開始し、稼働中の原発周辺で軍隊同士の交戦が発生し危機感が高まった。一方で日本周辺での軍事的緊張から、日本国内の軍事拠点が核攻撃を受ける可能性も指摘されている。原子力災害と核攻撃の被害・避難には共通の検討事項が多いため、この問題について触れる。

原子力防災に関して特に注目を集めたのは、ロシアが二〇二二年三月四日にウクライナ南東部にあるザポリージャ原子力発電所を攻撃して設備の一部に損壊を発生させ、その後占拠して支配下に置いたことである。監視カメラに記録された映像[*1]では、原発構内での防衛部隊とロシア軍の双方で重火器が使用され、原子炉建屋の損傷は避けられたが周辺の電気設備が損傷したとみられる。原発は核反応を停止しても冷却のために外部電源が必要であり、福島第一原発事故と同様に外部電源の喪失は放射性物質の大量放出につながる。変電所の火災消火に出動した原発の消防隊をロシア側が追い返す等の妨害を受けている。また二〇二三年一〇月にはウクライナがロシアの原発に対してドローンで攻撃したとの報道があった。

ザポリージャ原発には一〇〇万キロワット級の発電ユニットが六基あり欧州で最大、また世界で三番目の規模である。なお東京電力の柏崎刈羽原発が名目としては世界最大であるが、現在までに新規制基準に適合して再稼働可能なユニットは二基である。ザポリージャ原発ではその後現在まで、不安定な状況が続いているものの原発主要部の本格的な破壊は報告されていない。ロシア側の制圧下でもいくつかのユニットが運転を続けていた時期もある。原発攻撃の目的についてはさまざまな憶測が伝えられ、ウクライナが核物質を軍事的に使用することを警戒して事前に掌握するためとか、ロシア側が制圧した原発を軍事拠点化してウクライナ側の攻撃を防ぐ「盾」として利用するためなどとされるが、真相は不明である。いずれにしても交戦となれば相手側の撃破あるいは制圧が目的となり、原発施設の損傷を避けて抗戦するなどの配慮の余裕はないであろう。

また二〇二三年一〇月七日に、中東のガザ地区を実効支配するイスラム組織ハマスは、イスラエル領域内に対して多数のロケット弾を発射した。「ミサイル」と表記した報道もあるが技術的には無誘導のロケット弾とみられる。ロケット弾はミサイルのようにピンポイントでの命中は期待できないが、はるかに安価であり運用時も高度な管制設備や制御システムを必要としない。一方でイスラエルは過去にもさまざまな飛翔体による攻撃を受けているため、これらを迎撃する「アイアンドーム」そのほか五種類を組み合わせた強力な防空システムを構築している。[*2] しかし飛翔体が多数（「飽和攻撃」と呼ばれる）のため一〇〇％の迎撃はできず、発射数の一部がイスラエル領域内への着弾により被害を生じた。

いずれにしても原子力施設は物理的破壊に対して脆弱であり、原子炉本体よりも周辺施設や使用済燃料プールの破損リスクが大きい。多数の原発を保有し、そのすべてが海沿いに立地する日本でも原発への武力攻撃に対する懸念が強まった。また原発の運用で発生するプルトニウムは原理的には核兵器に転用可能（第8章参照）とされ、原発その他核施設の保有・運用自体は、かりに日本にその意図がなくても相手側から軍事利用の意図ありとみなされ攻撃の口実を与える可能性がある。「原発は自国に向けた核兵器」と呼ぶ論者もある。*3 あるいは核兵器を国内に誘致して起爆スイッチを相手に預けている「逆・核シェアリング」の状態ともいえる。

ウクライナ紛争を契機に原発・核施設に対する武力攻撃が注目されたが、その始まりはイスラエルである。一九八一年六月にイスラエル空軍がイラクの核施設を爆撃した。これには各国も衝撃を受け、日本では当時でも二〇基以上の原発が稼働していたが、これを契機に外務省は原発に対する武力攻撃の被害シミュレーションを一九八四年に行っている。この報告の冒頭には、反原発運動に利用されることに対する警戒が記述され、部外秘扱いとして秘匿されていたが、福島第一原発事故後に公開された。*4

シミュレーションでは、①補助電源喪失、②格納容器破壊、③原子炉本体破壊の三ケースを想定している。ただし③の原子炉本体破壊までに至る可能性は低いとして、②の格納容器破壊を主に検討している。計算には多くの条件を仮定する必要があり、同じ事故シナリオに対しても、周辺住民がいつ避難するかなどさまざまな条件により被害が大きく異なるが、報告の最大ケースでは急性影響で一万八〇〇〇人の死亡、四万一〇〇〇人の障害などが推定されている。避難できたとしても発生から避難までの被ばくによる晩発性影響の発生で二万四〇〇〇人が死亡と推定されている。報告書では、原子炉の直接的な破壊でなくても、攻撃側に多少の知識（冷却機能の破壊など）があれば大量放出を引き起こせると指摘している点が重要である。なお金額的な損失の評価は行っていない。単独の事故であれば、発端から一定の展開シナリオが予想できるが、武力攻撃では何が起きるかわからず突如として別の局面に移行することもありうる。

武力攻撃の形態と被害想定

武力攻撃の目的として、戦術目的（相手側の物理的な戦闘力を無力化する）であれば「原発を壊してそこから放射能を流す」などという間接的な方法では不確実・非効率である。したがって原発への武力攻撃が行われるとすれば戦略目的（相手国の国家・社会機能を阻害して戦争継続能力を奪う）である。

もっともインフラや工業生産力を破壊して戦争継続能力を奪うのであれば対象は原発に限定されない。変電所や送電線の破壊のほうが容易かつ確実である。これまであまり注目されていないが給電指令所[*5]への侵入・制圧・破壊は電力供給網全体を停止させうるので、発・送電施設への攻撃よりもむしろ警戒を要する。

原発施設に対しては、むしろ少人数の特殊部隊等のリスクが高い。日本の原発はすべて海沿いにあるから侵入は容易である。かといって原発周辺に強力な防衛部隊を配置しても原発施設の防護に有効とはいえない。ウクライナの状況にみられるように、最終的にに相手を排除できたとしても何らかの交戦の発生が不可避であるから、原発施設の破壊は避けられない。次に予想される武力攻撃の形態を示す。

◉ハード的攻撃

・弾道ミサイル

通常弾頭で弾道ミサイルを使用する可能性は乏しい。弾着のばらつき（米・ロの最新型でも半径一〇〇mの円内に半数が着弾する程度の分布）[*6]が大きく、ピンポイントで命中はできない。通常弾頭の場合は多数を同時使用して確率的に命中を期待する方式になるが、高価で数が限られた弾道ミサイルでは考えにくい。原発を破壊するなら一発で広範囲を一挙に破壊する核弾頭が必要であるが、それなら相手国の中枢部を目標にするはずである。[*7] このため弾道ミサイル防衛システム（BMD）は原発防衛としての意味はない。

・巡航ミサイル（在来型）

巡航ミサイルとは、イメージ的には無人飛行機で体当たりする形態である。精密な誘導によりピンポイントでの命中が可能であるが、通常弾頭では建屋→格納容器→反応容器までの一挙貫通は困難である。弾道ミサイルよりは低コストだが、航空機による爆弾やミサイル（後述）に比べれば高コストなので数が制約される。発見は困難（地形追随飛行）である。多数の飽和攻撃を実行された場合には防衛は困難。弾道ミサイルと同様にBMDとの関連は乏しい。

・巡航ミサイル（超音速型）

ピンポイントでの命中が可能である。ロシアがウクライナで使用との報道があるが詳細は不明。発見・迎撃は困難と思われる。

・無誘導ロケット弾

ミサイルに比して安価な無誘導ロケット弾による。ピンポイントでの命中はできないが多数発射（飽和攻撃）により相手側に被害を及ぼす。二〇二三年一〇月にイスラエルに対してハマスが実行した。

・航空攻撃

誘導爆弾や空対地ミサイルを使用する。イスラエルがイラクの核施設を攻撃した事例がある。最近のこれらの兵器は精度が高くピンポイントでの命中が可能。他の方法に比べて低コストで数の制約が少ないので反復攻撃が可能。通常弾頭では建屋→格納容器→反応容器までの一挙貫通は困難だが、周辺設備や使用済み燃料プールや周辺設備は破壊される。

・ドローン

可能性はあるが破壊力が小さいので直接的な被害は限定的。周辺設備の破壊はありうる。ウクライナがロシアの原発に対してドローンで攻撃し損傷が発生したとの報道があったが詳細は不明。

・意図的航空機衝突（自爆突入）

二〇〇一年九月一一日の米国同時多発テロ事件と同じ方法。正規軍の攻撃では考えにくいが、自爆突入を厭わない国あるいは勢力であれば可能性がある。

・着上陸侵攻部隊

戦闘車両（戦車など）からの砲撃、歩兵部隊の射撃など。前述のとおり重火器を使用しても原子炉本体までの一挙貫通は困難だが、長時間にわたり反復攻撃が可能なので本体の破壊の可能性はある。また使用済み燃料プールや周辺設備の破壊のリスクが大きい。戦闘の結果として撃退できたとしても、その過程で交戦が不可避だから設備の損傷は避けられない。

・**特殊部隊**

可能性としては最も高い。*8 RPG（擲弾筒発射器）などの個人携行兵器*9では、建屋→格納容器→反応容器までの一挙貫通は困難だが、使用済み燃料プールや周辺設備の破壊はありうる。

・**EMP（電磁パルス攻撃）**

核弾頭の衝撃波や熱線で地上に損害を与えるのではなく高々度で起爆する。核爆発は強力な電磁波の放出を伴い、地上のアンテナ、電線その他の伝導体に吸収されることによって強い電流や高電圧を発生させるため、それらに接続あるいは隣接して置かれている電気・電子機器を損傷したり誤動作を発生させ、発電・送電設備、通信、放送、レーダー、信号機、コンピュータなどに影響を及ぼす。

◉ソフト的攻撃

・**システム侵入（サイバー攻撃）**

制御システムの動作を妨害し原子炉を暴走させる操作（いわゆるサイバー攻撃）を行う。しかし制御パラメータに異常が発生すれば各種インターロックが動作してスクラム（緊急停止手順）が自動的に起動する。緊急停止手順の起動を阻止するには、事前に制御回路を改変してインターロックを遮断するとか、ハード的に機能しないようにする予備操作*10が必要であるが、かりに内部協力者がいたとしても他の職員に気づかれずに保護回路を改変するなどは考えにくい。原子炉は同じ型式でも建設時期や号機によって細部はさまざまな差異があるのが普通であり、実行者がこれらを熟知していることは考えにくい。それよりも周辺設備の稼働妨害（使用済み燃料プールの冷却水ポンプ停止、非常用発電機の起動妨害など）のほうが可能性が高い。

・制御室侵入

制御室に侵入し原子炉を暴走させようとする。しかし侵入者が何を行うのかを想定すると現実的ではない。「制御室の機器を破壊する」「でたらめに操作する」「操作員に暴走させるように命令する」等の可能性はあるが、制御パラメータに異常が発生すれば自動的にスクラムが起動するから、実際に原子炉の暴走に至る可能性は低い。かりに実行した場合、侵入者も致命的な放射線被ばくを受ける前提であるから自爆攻撃の範疇である。

・内部協力者

米国では具体的に考慮されている。日本での可能性は低いと思われるが、東京電力柏崎刈羽原発での不正入室事案[*11]があり、その意図があれば手段としては実行可能といえる。

ハード的破壊の場合、かりに重火器を使用しても原子炉本体までの一挙貫通は困難である。まず最外層の建屋は厚さ二m前後の鉄筋コンクリート造である。その中の格納容器は肉厚五〇㎜の合金鋼、圧力容器は肉厚一五〇～二〇〇㎜の合金鋼である。これは各国の軍隊の戦車の装甲（材質は異なるが）よりも厚い。また各々の層の間に空間があり、そこで貫通力は消失するので一挙に貫通はできない。いずれにしても対戦車戦闘が目的の兵器では致命的な破壊はできない。ただし内部の補助機器・配管・計器に損傷を与える可能性はある。現実には、発電所への砲爆撃が実際に行われたり、その可能性が認められれば緊急停止

（スクラム）を起動させるであろうから原子炉そのものは停止する。

よりリスクが大きいのは周辺設備の破壊である。福島第一原発事故では、地震動（三月一一日一四時四六分およびその後の複数回）による直接の原子炉容器・格納容器・建屋の破壊は致命的ではなくスクラムも成功した[*12]にもかかわらず、補助機器の機能停止によりさまざまな事象が積み重なって、地震発生から一昼夜経過してから1号機建屋爆発（三月一二日一五時三六分）、約三日経過してから3号機建屋爆発（三月一四日一一時〇一分）、さらに約四日経過してから2号機爆発音（三月一五日六時一〇分）等の破滅的事象が発生した。

米国スリーマイル島事故では、燃料溶融に至ったものの圧力容器の貫通は免れたのに対して、福島では圧力容器の貫通（メルトスルー）にまで進展した。電力関係者は放射性物質の外部への流出を防ぐ「五重の壁」を自画自賛していたが機能せず、結果は「五重の将棋倒し」となった。事象のさらなる進展により使用済み燃料プールからも放射性物質の放出が始まる[*13]。こうした経緯から、原発への攻撃後ただちに放射性物質の大量放出が始まる可能性は低いが、一定時間が経過してから放出に至ると考えられる。

さらにヒューマンファクターも重要である。原発に限らないが大型発電所は複雑な設備であり、事故に至らないまでも常に小さなトラブルが発生している。このため点検・補修が必要であり、それを放置していれば直ちにではなくとも大事故につながる。スリーマイル事故も突如として核事故に至ったのではなく、計器の不調など周辺的な事象が連鎖して発生した。今回のウクライナのように、交戦が発生したり敵勢力に占拠されている状況では運転員の日常活動が阻害される。外部電源が遮断され非常用発電機で冷却を維持している場合、発電機の燃料はいずれ枯渇するが、武力攻撃事態の下では補給できない。復旧に必要な資器材の搬入や交代要員の派遣もできない。

このように原発本体をハード的に防護するだけでは破滅的事態を防ぐことはできない。福井県の杉本達治知事は二〇二二年三月一八日に、政府に対してミサイルの迎撃態勢に万全を期すこと、自衛隊部隊の配備を申し入れたが[*14]、このような対策は無意味であり、原発の構造や危険性を理解していないのであろう。本当に県民の安全を守る意識があれば、まずなすべきことは原発その他核施設の撤去である。

「敵地攻撃論」なども浮上しているが、原発防護の観点では全く意味がない。敵地攻撃の対象は相手側の軍事拠点（ミサイル発射設備・航空基地・司令部）が想定されるが、先制攻撃しても相手国の拠点を全て同時に無力化することは不可能であるし、むしろ反撃を正当化されて残存した拠点から攻撃を受ける。前述のように小規模な方法でも原発の破壊は可能であるから、相手側の軍事拠点を部分的に無力化したところで原発の防護には意味がない。

対処の困難性と安全審査の無効

通常兵器では原子炉が直接破壊される可能性は低く、また武力攻撃があれば原子炉は緊急停止すると考えられる。しかし問題はその後である。

核反応は停止しても崩壊熱の発生は続いている。福島第一原発事故と同じく、周辺設備の損傷により崩壊熱が除去できないと一定時間経過後に反応容器や格納容器の破損が生じて放射性物質の大量放出がありうる。武力攻撃に備えて原発に強力な防衛隊を配置したとしても、原発構内で重火器の撃ち合いが行われるような状況では作業員が活動できない。それがどのような結果をもたらすか、既存の原発に関する適合性審査でいわゆる「合格」とされている内容を例に検討する。[15]

たとえば炉心の損傷を認識後に、補助冷却系などで格納容器の減圧に失敗した場合は、別の手段で圧力や温度を低下させるための手順に着手する。まず中央制御室から操作可能な場合は、格納容器ベントのための系統の構成（各所のバルブを開閉するなどして、目的のルートで気体が流れるようにすること）等を一名により、一五分以内、出口隔離弁の開操作を一名により、五分以内に実施する。もし中央制御室から操作できず現場で操作を行う場合、格納容器ベントのための系統の構成等を計三名により、七五分以内、遠隔手動弁操作設備による出口隔離弁の開操作を計三名により、一一五分以内に実施する、等の操作が記述されている。[16]

これは規制委員会において事故シナリオの想定とその対処を審査した結果であるが、規制委員会の審査は「その対処が成功したとすれば、格納容器の破損を防止できる」という仮定について審査したのであって、それが実行可能かどうかは審査の対象とはなっていない。この関係性は原子力規制委員長も明言している。国会で「緩和する対策が機能したときの、いわゆる成功パスのときの値です[17]」と答弁しているとおりである。

前述のシナリオに対して技術的な対処でいえば、同審査書に記載された「中央制御室から操作可能な場合」であればまだしも、「中央制御室から操作できず現場で操作を行う場合」の事態が発生したということは、弁装置そのものの不動作、制御用電源の喪失、作動用気体の喪失あるいは圧力不足、信号用ケーブルの断線等など、周辺設備において何らかの支障が発生しているはずである。この状態で、武力攻撃事態の下で想定のような作業が可能とは思われない。

想定する事象

以上の考察から、現実的に想定するシナリオとしては次のとおりであろう。

・使用済み燃料プールの機能喪失

使用済み燃料プールの構造的破損、あるいは周辺設備（除熱設備）の破壊により水位が保持できず、崩壊熱で使用済み燃料が溶融する。この状態になると人による対処不能で放置するしかない。攻撃後、一〜数日で放射性物質の放出が始まり、長期間継続する。ただし漏出放射性物質が全て環境中に飛散するわけではなくその一部を想定する。

・原子炉の冷却機能喪失

スクラムは成功したとしても、周辺設備（除熱設備）の破壊により崩壊熱で燃料が溶融する。あるいは計装機器・制御システムの破壊によりパラメータ把握ができなくなる。あるいは運転員の活動制約により安全のための操作が継続できなくなる。攻撃後、一〜数日で放射性物質の放出が始まる。核反応は起きないが事象の進展によっては福島と同様の突発的放出が伴う可能性はある。

・廃液処理設備の冷却機能喪失

燃料プールと同様。この状態になると人による対処不能で放置するしかない。攻撃後、一〜数日で放射性物質の放出が始まり、長期間継続する。

シミュレーション結果の例

刈羽原発の6号機（電気出力一三六万kW）を例としてシミュレーション結果と検討をしめす。なおシミュレーションに関する解説は第4章を参照していただきたい。柏崎刈羽原発が特に武力攻撃を受ける可能性が高い具体的な条件はないが、東京電力が6・7号機の再稼働を意図しているので対象に取り上げた。原子炉の冷却機能喪失を想定した放出に対して、代表的な気象条件を設定した。住民の被ばく状況は、住民が汚染地域に留まる期間により異なるが、武力攻撃に際して国民保護計画との関連でどのような避難が行なわれるのか明確ではない。このため仮定として被ばく地域に二週間留まった（実際には数十〜数百万人の避難は物理的に不可能と思われるが）とした場合の甲状腺等価線量を**図2－1**に示す（濃色は一Sv、淡色は

図2－1　柏崎刈羽原発に武力攻撃の場合の被ばく状況

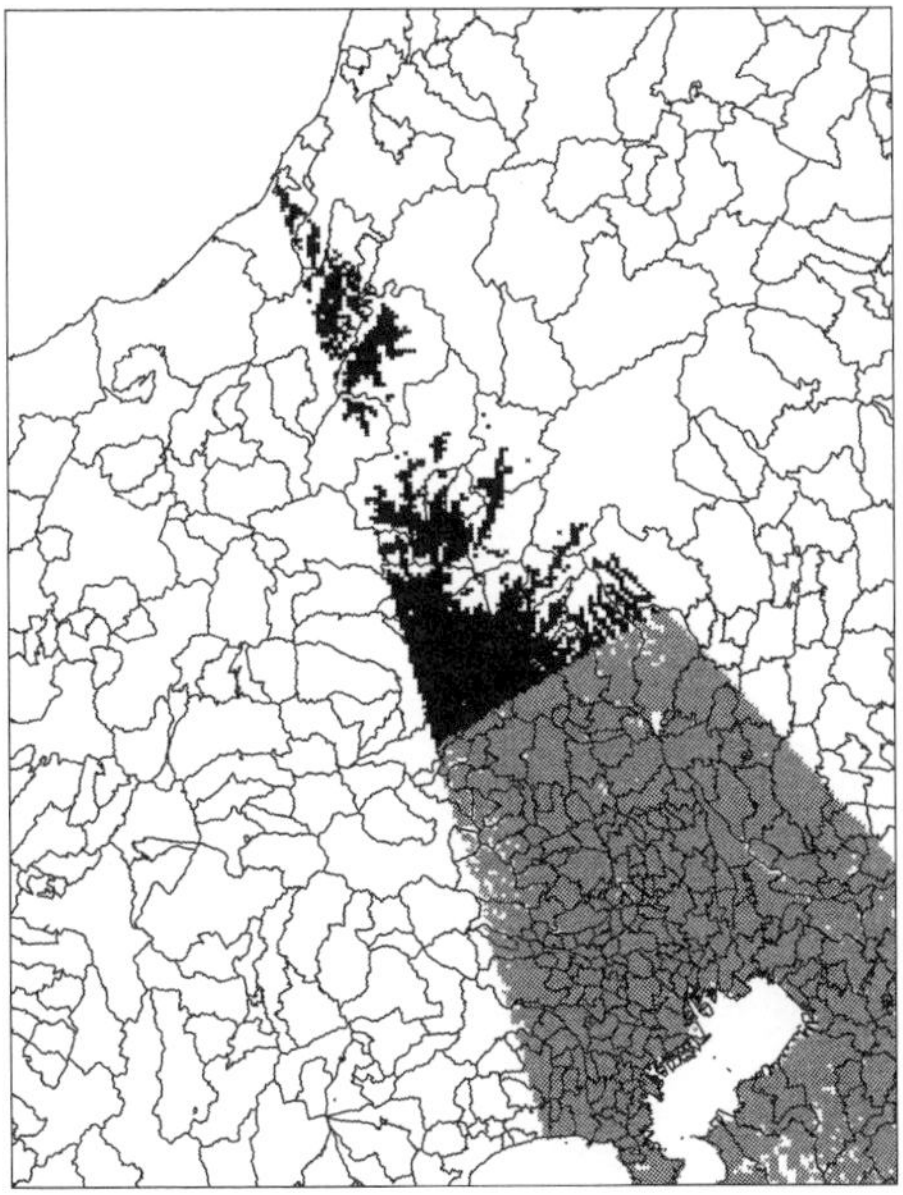

一〇〇mSv）。

結果は一見大げさと感じるかもしれないが、福島原発事故では炉内に保有されていた核分裂生成物のうち一～三％（セシウム類にして）が放出されただけで[*18]、今も帰還できない区域が発生するほどの被害が発生したことを考慮すれば、武力攻撃によりいかに重大な結果をもたらすか容易に想像できる。ロシアのウクライナ侵攻でザポリージャの原発が占拠された際にウクライナ外相（当時）が「チェルノブイリの一〇倍の被害が出る」[*19]と警告したのは必ずしも誇張ではない。

東海第二三〇km圏が「第五福竜丸」になる日

原子力推進者は「原発と原爆は違う」とアピールしてきた。つまり日本人は原子力と原爆を結びつける「核アレルギー」があるが、原発は平和利用だと主張する意図である。別の側面からみればたしかに原発と原爆は違う。一基の原発が一年間運転されると、広島・長崎の原爆から発生した核分裂生成物のおよそ一〇〇〇発分が生成される。瞬間的に核分裂の連鎖反応を起こして熱線や衝撃波による破壊効果を目的とする核兵器と原発とはメカニズムが異なるが、原発の想定事故による被ばくは、原爆による被ばくと比べてはるかに大きい。

広島・長崎原爆の被害者（直接被ばく・入市被ばく）がどのくらい被ばくしたのかについての研究は今も続けられているが、被害者に対する聞き取りが年々困難になっていることや、被害者が必ずしも当時の行動を正確に記憶していないなどさまざまな制約がある。こうした誤差はあるが、爆心からの距離と推定被ばく量（正確には空中線量）の概略の関係について報告されている。*[20]

原爆による被ばくは、即発の初期放射線（爆発直後の一秒以内の放射線）、遅発の初期放射線（上昇する火球からの一〇〜三〇秒以内の放射線）、誘導放射線（爆発による中性子で放射化した周辺の物体からの放射線）、フォールアウト（いわゆる黒い雨、死の灰）などがある。

一方で原発による被ばくは、通過する汚染大気からの放射線と、地上に降下した放射性核種からの放射線である。このようにメカニズムは異なるが、概略の傾向では、原爆による被ばくは、爆心付近では大きいが、距離が離れると急速に低下する。これに対して原発による被ばくは、爆心から二〜三kmに相当する程度の被ばくが、延々と数十kmも続く。

一九五四年三月一日にマーシャル諸島ビキニ環礁で米国は「キャッスル・ブラボー実験」として推定一五メガトン規模の水爆実験を行い、よく知られる第五福竜丸被ばく事件が発生した。第五福竜丸は爆心から約一五〇kmの位置で、フォールアウトを浴び、船員の被ばくは全身線量で一・七〜六・九グレイ（グレイは概略で「シーベルト」と同程度）と推定されている。

東海第二原発（他の原発でも同じだが）で重大事故が発生した場合、周辺住民の被ばくはどのくらいになるだろうか。前述のように、同じ船に乗っていても個人の状況により一・七〜六・九グレイという幅があり、放射性物質や放射線の種類、被ばくの継続時間などが異なるので正確な比較はできない。しかし概略では、条件によっては東海第二の三〇km圏では全身実効線量で「第五福竜丸」と同程度の被ばく量になる可能性がある。

「台湾有事」と核兵器の使用

現在は原子力防災に利用される拡散シミュレーションは、発端は冷戦時代に核弾頭が自国（あるいは敵国）に着弾した場合の被害に対する関心から注目されていた。[*21] この過程では広島・長崎の被害調査がかなり参照されている。しかし当時はあくまで「戦時」を想定した検討のため、とりあえず短期的・直接的な生命・健康（人間の当面の行動力）の危険が回避されればよいという観点であり、長期的な健康影響への関心はほとんどない。

ＮＨＫ「クローズアップ現代」で「台湾有事」のシナリオが紹介された。[*22] その中の一ケースとして、中国の政権が台湾に軍事侵攻し、米国が台湾に対して大規模な軍事支援を行った場合、中国は通常兵器だけでは対抗できないと判断して核兵器を使用するとのシナリオである。その際に目標となるのは、日本国内では佐世保（長崎県）と嘉手納（沖縄県）で、二五〇キロトンの核弾頭を搭載したミサイルを使用すると想定している。

実際に武力行使を伴う「台湾有事」の現実性は不明であり、軍事研究者の中でも、米軍とそれを取り巻く軍事産業の利害を代弁する言説に日本の保守政治勢力が扇動されているにすぎないとの見解もある。[*23] ただし現時点で緊張が高まっていることは事実であるし、リスク要因は台中関係だけではないのでここで検討しておく。

中国としては米軍拠点への攻撃が名目だが、当然ながら周辺の住民が巻き込まれる。米軍施設が核攻撃

図2－2　嘉手納に核ミサイル着弾の場合の火傷範囲

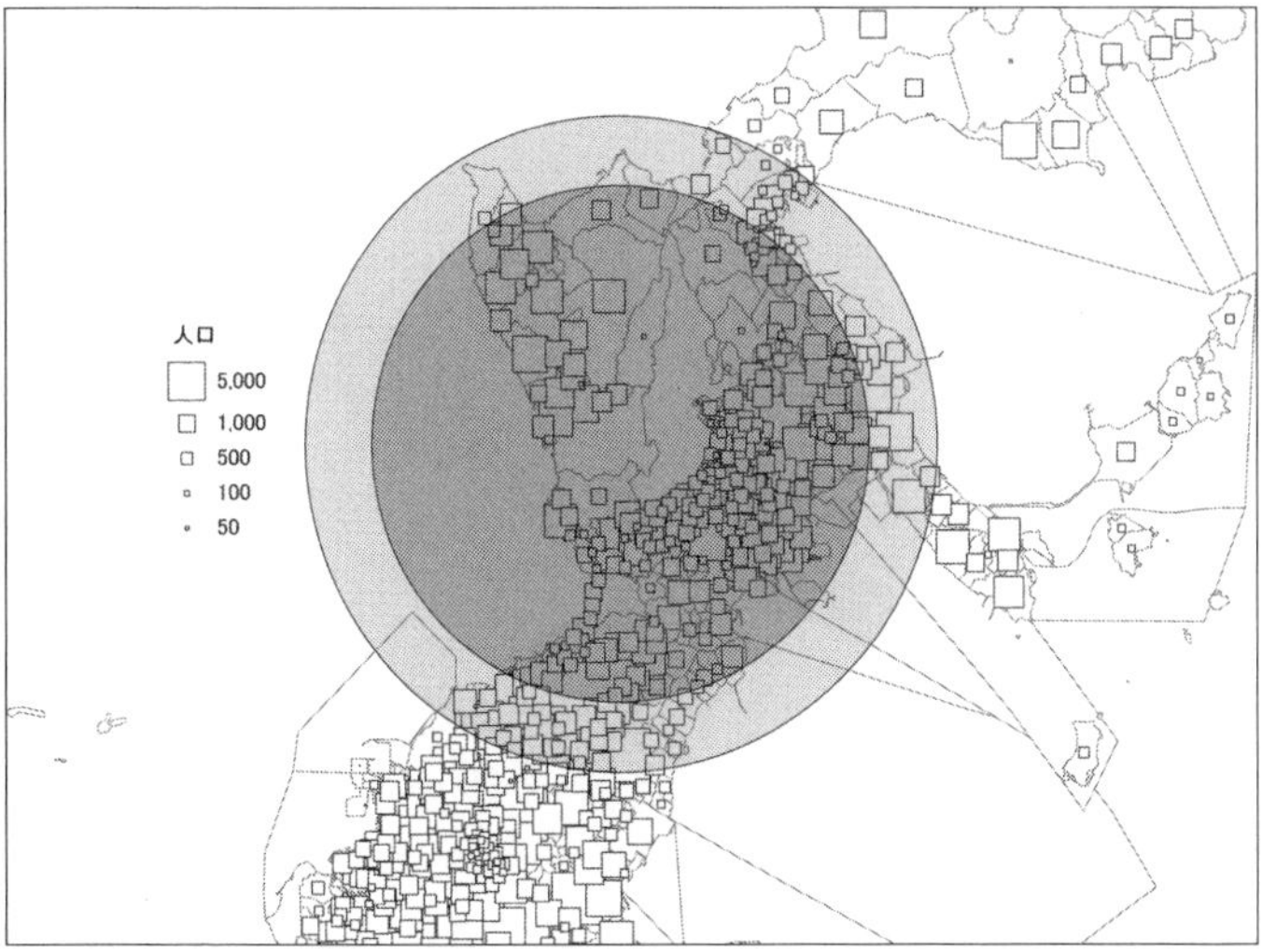

図2－3　佐世保に核ミサイル着弾の場合の火傷範囲

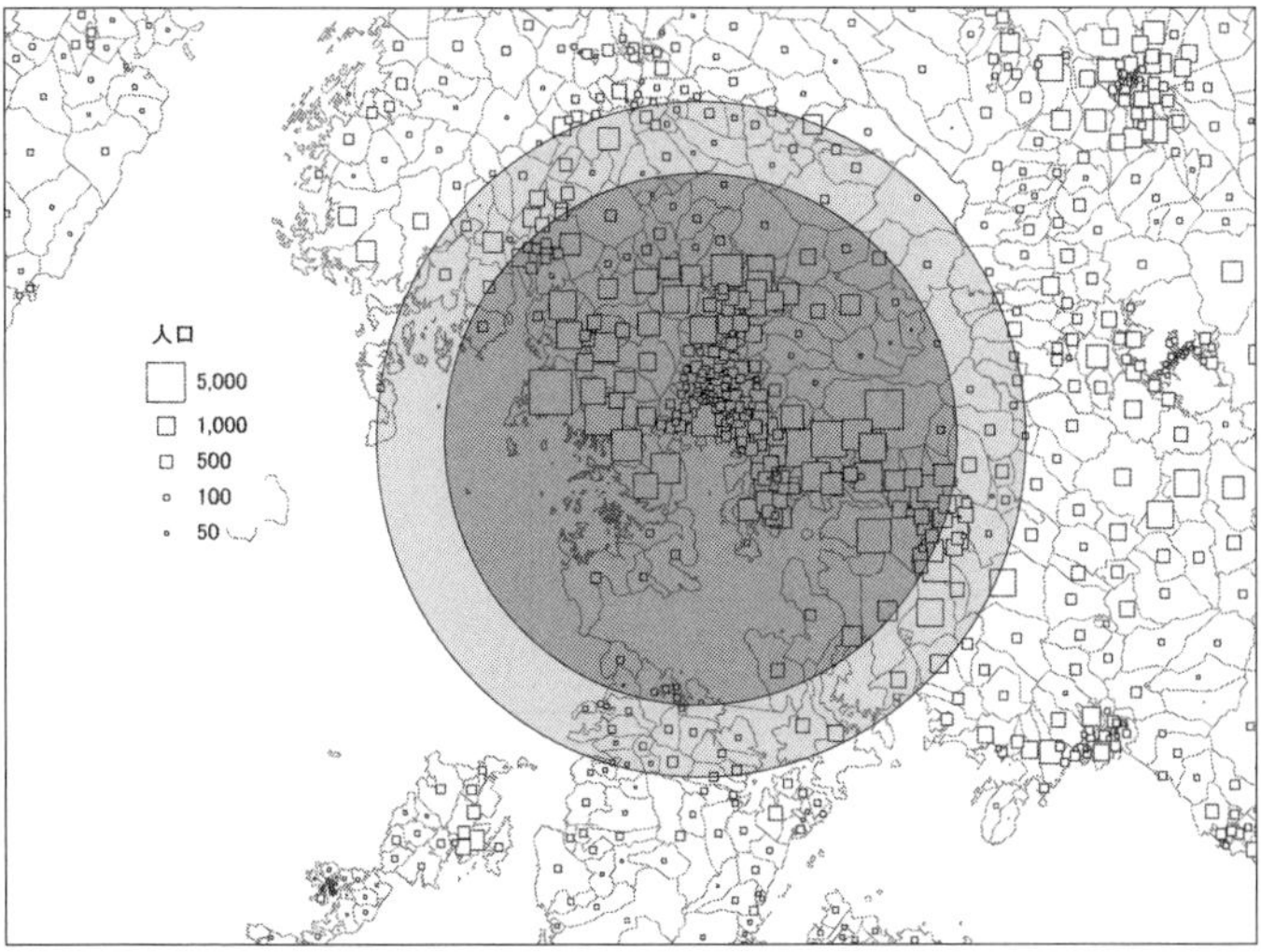

図２－４　佐世保に核ミサイル着弾の場合のフォールアウトによる被ばく

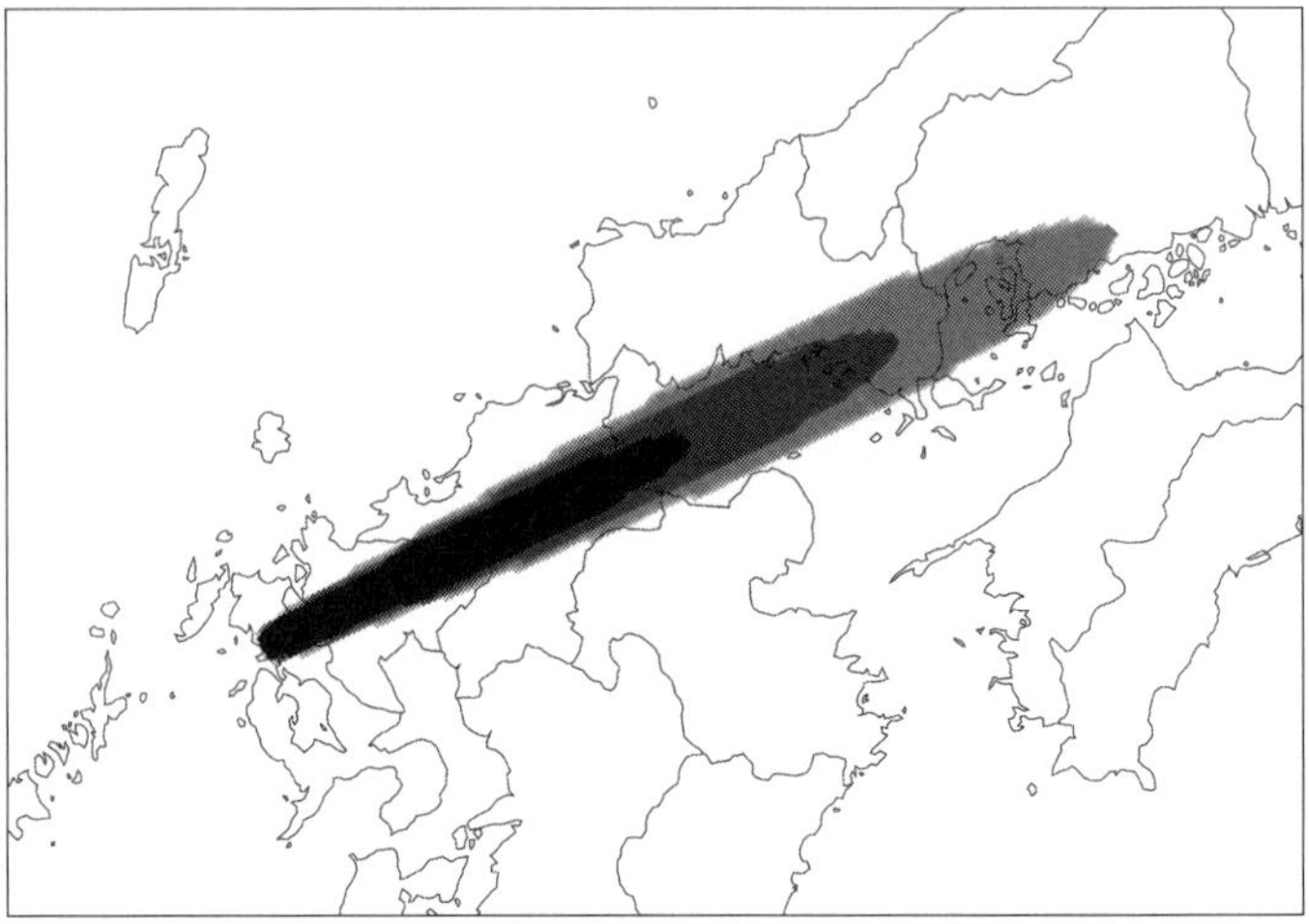

を招いているともいえるが、この時にどのくらいの被害が発生するか、比較的最近の文献によって推定した。[*24] **図2−2・3**は、嘉手納と佐世保に二五〇キロトンの核弾頭が着弾した場合、淡色は熱線火傷Ⅱ度（真皮まで傷害）、濃色はⅢ度（皮下組織まで傷害）の範囲を示す。**図2−4**は同じ核弾頭が佐世保に着弾した場合、フォールアウトによる被ばくがどこまで波及するかの図（淡色は一〇〇mSv、中間色は一Sv、黒色は一〇Sv）である。確率的影響が懸念される一〇〇mSvは広島付近まで及ぶ。

「有事」を現実的に考えていない政府

原発立地地域が武力攻撃の対象となった場合の住民避難について、「国民保護計画」と「原子力防災計画」の関連はどうなっているのか、筆者が委員として参加していた新潟県の「原子力災害時の避難方法に関する検証委員会」でも、検討対象の柏崎刈羽原発が日本海に面していることからたびたび議題に上がったが、結局不明のままに終わっている。この問題に関して、有事の被害想定と原子力に関するセミナーが開催された[*25]。セミナーでは、「有事」に真っ先に攻撃の対象となる沖縄での住民保護に対する懸念が報告された。二〇二二年一二月に閣議決定された「国家安全保障戦略」では「武力攻撃より十分に先立って住民の迅速な避難を実現」とされている。しかし「十分に先立って」とはどのようなタイミングなのか。宮古・八重山地域は「島外避難」とされ、住民はまず避難所に集合し、そこからバスで空港や港湾に向かい、航空機と船舶で沖縄本島に避難し、さらに九州に向かうとされている。もし武力攻撃が始まっている状況ではそのような行動が可能とは思われない。

同地域の住民は約一一万人に達するが、移動に必要とされる航空機や船舶の数などが推算されているものの机上計画に過ぎず実現性はなく、受入れ側との調整も何もされていない。一連の報告を聞いて感じたのは、本来、国民の生命・身体を守る責任を有するはずの国が国民保護について実は何も考えておらず、「反撃能力強化」や「原子力回帰」が独り歩きしている共通の背景がみられる。原発避難が真剣に考えられていないのは「どうせそんなことは起きない」という安全神話が背景にあるのと同じように、武力攻撃についても、危機感を煽るわりには、実は「どうせそんなことは起きない」という国の本音が露呈している。

もう一つの懸念は、しばしば「島嶼奪還作戦」が勇ましく喧伝されるが、仮に日本にその装備や能力があったとしても、住民の避難が完了しなければ奪還作戦は実行できない[*26]。あえて強行するとすれば、かつての沖縄戦と同じく住民の犠牲をかえりみない自滅作戦であろう。

安全保障と整合性のない原子力政策

近年、武力攻撃に対する危機を煽るわりには、安全保障と整合性のない原子力政策が進められてきた。一九六〇年代に東西冷戦の緊張が高まり、日本の防衛もソ連の脅威を強調して北方重視（対ソ連）の姿勢が強かった。また日本海側では不法上陸が頻発していた。このような状況でありながら海沿い、ことに日本海側に多数の原発を並べる計画が同時に進行していた。ただし首都圏は意図的に避けられている。

また武力攻撃ではないが東海地震・東南海地震・南海トラフ地震の危険性が指摘されている地域にも多数の計画が持ち込まれていた。原発推進側こそがいわゆる「お花畑」であった。日本では国民保護法・緊急対処事態は国家安全保障会議、原子力防災は内閣府といった縦割りが続いている。原子力防災の中に武力攻撃等の認識が弱い。「有事」の際の侵害排除活動と防災との連携、関係性が不明瞭である。[*27] また「原子力規制委員会国民保護計画」[*28] という書面はあるが、避難に関しては「適切な方法により、その旨を直ちに伝達するものとする」との抽象的記述のみである。

これは地方公共団体についても同じで、新潟県国民保護計画における避難に関する基本的事項をみると「国の事態対策本部長から避難措置の指示及び救援の指示を受けたときは、避難の指示を行うとともに、所要の救援に関する措置を実施することから、避難及び救援に関する平素からの備えに必要な事項について、以下のとおり定める」となっているが、項目の列挙にとどまり、原子力防災のように「〇〇㎞は避難」等の具体的な指針はも何もない。「何々を整備するように努める」云々の記述のみである。

攻撃を誘因する要素

大規模な自然災害は人為的にコントロールできないが、軍事的な「緊急事態」は人為的に作り出される。自衛隊が海外で活動する機会が増加すれば、意図的かどうかにかかわらず相手側の戦闘員・民間人を殺傷する事態は不可避である。相手側からみれば偶発的だからといって容認する理由にはならず、テロによる報復の動機を高める。前述のように原発は正規軍による大規模な攻撃以前に、少人数の特殊部隊などに対して脆弱である。照井資規（ジャーナリスト・元自衛官）は「ハイブリッド戦争」の危険性を指摘している。[*29] 日本政府はすでに自衛隊に「駆け付け警護」の任務を付与している。[*29] 照井は「自衛隊に新任務を付与し、それを実行してしまったが最後、後戻りはできない」としている。緊急事態になれば憲法を無効にして戒厳令を施行し、それを恒久化する可能性もある。それに緊急事態は軍事的な分野にかぎらない。大規模な経済的混乱が発生すれば政権はそれを奇貨として利用するであろう。

一方で近隣国を想定した場合に、**図2-5**は相手側からみて攻撃対象になりうる施設の所在を示す。北朝鮮は、実行の意志はともかく弾道ミサイル部隊の任務は在日米軍拠点への攻撃であると表明している。中国も同様であり建前は在日米軍拠点が対象である。

しかし攻撃があれば周辺の日本国民が巻き込まれる。原発その他核施設は第2章で取り上げたとおりであるが、他にエネルギー関連施設、ミサイル迎撃関連施設、レーダー施設、自衛隊および米軍の航空拠点などである。

図2－5　攻撃対象になりうる施設

原発と「令和の敗戦」

毎年、三月一〇～一一日あるいは八月一五日（敗戦の日）の前後にはしばしば「関東防空大演習を嗤《わら》ふ」という戦前の文章が引用される。これは一九三三年八月一一日にジャーナリストの桐生悠々が信濃毎日新聞（当時）に執筆した社説である。日米開戦よりはるか前の一九三三年に、東京空襲を想定して行われた大規模な「関東防空演習」について、役に立たないと批判した文章である。

　桐生は、いかに防空体制を整えても敵機の侵入を完全に防ぐことは不可能であり、また敵機は繰り返し来襲するから、木造家屋の多い当時の首都圏では、侵入した敵機による爆撃で大惨事が発生すると予言している。そもそも敵機に侵入された時点で手遅れであり、そうした想定の訓練は無意味だと批判している。その予言は一一年後に日本各地への空襲として現実となった。そうした教訓がありながら日本政府は今も九〇年前と同じ愚策を続けている。最近もいくつかの地域でミサイル避難訓練が実施されたが、身を屈めて頭を抱えるという内容である。[*30]

桐生の社説を取り上げた記事では「空襲を受けたら防空できなかったのと同じように、もし核ミサイルが撃ち込まれたら防ぐことは難しい。日本が防衛費を増やせば、中国や北朝鮮を刺激し、軍拡はエスカレートする。それで日本が守れるというのは幻想だ」と指摘している。[*31] これと密接に関連するのが原発である。首都圏に近い東海第二原発の再稼働が予定されており、周辺の自治体で避難計画の策定が求められ、訓練も実施されている。しかし三〇㎞圏だけでも一〇〇万人近い住民が被ばくせずに避難できるはずがない。

注

1 NPR (National Public Radio) ウェブサイト "Video analysis reveals Russian attack on Ukrainian nuclear plant veered near disaster" https://www.npr.org/2022/03/11/1085427380/ukraine-nuclear-power-plant-zaporizhzhia

2 竹内修「イスラエル国防軍の完璧な防空網」『軍事研究』二〇一八年二月号、九二頁。

3 東京新聞［小泉純一郎元首相が語る「原発は国民に向けた核兵器」 再稼働論に反論 岸田首相の原発対応には「期待できない」］二〇二二年六月二日。

4　外務省委託・（財）日本国際問題研究所「原子炉施設に対する攻撃の影響に関する一考察」https://www.mofa.go.jp/mofaj/files/000160057.pdf

5　東京電力中央給電指令所の例　https://www.tepco.co.jp/toudenhou/pg/1471771_9043.html

6　正確には平均誤差半径（CEP）という。詳細な説明は省略。

7　原子力規制委員会の田中俊一前委員長は、二〇一七年七月六日の地元住民との意見交換会で、ミサイル攻撃対策に関して「私だったら東京都のど真ん中に落としたほうがよっぽどいいと思う」と発言した。（『朝日新聞』二〇一七年七月七日、その他各社報道）

8　吉岡斉「福岡核問題研究会」二〇一六年四月二三日資料。http://jsafukuoka.web.fc2.com/Nukes/resources/yoshioka3.pdf

9　衝突の物理的エネルギーで金属壁を貫通するのではなく金属の噴流を形成して孔を開ける。

10　一九九九年六月、北陸電力志賀原発で定期点検中に手動で誤ったバルブ操作を行い、インターロックが機能しない状態で制御棒の引き抜きが始まり予期しない臨界が発生した事故がある。

11　東京電力ホールディングス「柏崎刈羽原子力発電所所員における発電所建屋内への不正な入域について」。https://www.tepco.co.jp/press/news/2021/1571326_8971.html

12　ただし津波前に地震動で冷却系が一部破損していたとの分析もある。『朝日新聞』「3号機の冷却配管、地震で破損か津波前に」二〇一一年五月二五日。

13　『福島原発事故独立検証委員会調査・検証報告書』「福島第一原子力発電所の不測事態シナリオの素描」、二〇一二年三月、八九頁・巻末資料。

14　『日本経済新聞』「原発防衛に軍事攻撃も想定　政府、自衛隊活用を検討」二〇二二年三月一八日。

15　原子力規制委員会「東北電力株式会社女川原子力発電所の発電用原子炉設置変更許可申請書（2号発電用原

子炉施設の変更）に関する審査書、令和二年二月二六日。

16 同審査書、三九〇頁。

17 第二〇四回国会原子力問題調査特別委員会第三号（令和三年四月八日）議事録。https://www.shugiin.go.jp/internet/itdb_kaigiroku.nsf/html/kaigiroku/026520420210408003.htm

18 東京電力福島原子力発電所事故調査委員会『国会事故調報告書（参考資料）』二〇一二年九月。

19 日本経済新聞［ウクライナ外相、爆発なら被害「チェルノブイリの一〇倍」］二〇二二年三月四日。

20 広島県「原爆被害実態」第一章 https://www.pref.hiroshima.lg.jp/uploaded/attachment/47540.pdf

21 Samuel Glasstone and Philip J. Dolan, ed., The Effects of Nuclear Weapons (3rd ed.), Washington, D.C., U.S. Government Printing Office, 1977。原本は何度か改版されているが、一九五七年版に基づく訳本として武谷三男・服部学『原子力ハンドブック 爆弾編』商工出版社、一九五八年。

22 ＮＨＫ「クローズアップ現代取材ノート・もしも今、核兵器が使われたら？ 日本も攻撃の標的に」二〇二三年八月二一日。https://www.nhk.or.jp/minplus/0121/topic007.html

23 文谷数重「二〇二四年に終息、虚構の『台湾有事論』」『軍事研究』二〇二三年一二月号、一九二頁。

24 Matthew G. McKinzie, Thomas B. Cochran, Robert S. Norris, William M. Arkin "THE U.S. NUCLEAR WAR PLAN: A TIME FOR CHANGE" "Nuclear Weapons Effects Equation List" APPENDIX D Natural Resources Defense Council, June 2001

25 新外交イニシアティブ（ＮＤ）シンポジウム［語られない「有事の被害想定」を問う―「ミサイル配備」と「原子力回帰」が軽んずる住民保護―］。https://www.nd-initiative.org/event/11908/

26 福好昌治「クアッドとオーカスは台湾有事に役立つのか？」『軍事研究』二〇二三年七月、一九四頁。

27 新潟県原子力災害時の避難方法に関する検証委員会における指摘 第一四回（二〇二〇年一一月一六日）佐々木

委員。

28 「原子力規制委員会国民保護計画」二〇二〇年七月一〇日。https://www.nra.go.jp/data/000069092.pdf, なお原子力規制庁は環境省の外局。

29 照井資規「日本でテロが起きると死者が膨大になる理由」『東洋経済ＯＮＬＩＮＥ』二〇一六年一月六日。http://toyokeizai.net/articles/-/143629

30 上岡直見『Ｊアラートとは何か』緑風出版、二〇一八年。

31 最近の例では『東京新聞』「桐生悠々の警告は現実になった…歴史に残る社説「関東防空大演習を嗤《わら》ふ」を九〇年後の今、読むと」https://www.tokyo-np.co.jp/article/267721

3 原子力防災のしくみ

原子力防災の特徴

原子力防災とは、一言でいえば「いかに被ばくを避けるか」であり地震・津波・風水害など自然災害に対する防災と根本的に異なる点である。具体的な施策としては、情報の伝達、被災者の救護、避難所の開設と運営、災害時の要配慮者[*1]への対応、救援物資の送達など、放射線防護という追加要因が加わるものの共通に求められる活動がある。こうした背景から、原子力防災は大枠では「災害対策基本法[*2]（災対法）」の体系下にあり、それに原子力特有の事情を加えた「原子力災害対策特別措置法[*3]（原災法）」が定められている。「災対法」の基本理念は、その第一条で「国土並びに国民の生命、身体及び財産を災害から保護するため」と記述されている。防災という言葉で主に緊急時の活動が想起されるが、本来は予防・緊急時・事後にわたって時系列で考えるべき課題であり、「原災法」でも国や地方公共団体の責務としてそれが規定されている。同法も予防・緊急時・事後が対象とされており、単に緊急時に避難すればよいという内容ではない。

一方で同法第一条にあるように「原子力災害の特殊性」が「災対法」と大きく異なる点である。このため「原災法」にはテロリズム、犯罪等の記述もある。また日本で原子力災害が発生する状況として、その前段に大規模な自然災害が発生している可能性が高いから、複合災害の考慮が不可欠である。古くから自然災害に悩まされてきた日本では、戦後ではまず一九四七年に「災害救助法」[*4]が制定され、次いで一九五九年に「災対法」が制定された。この時点では同法の対象は自然災害と大規模火災であり、原子力災害は想定されていない。すでに一九六六年に商用原子力発電が開始され、一九七〇年代から次々と大出力の商用炉が運転を開始したにもかかわらず、明確な原子力防災体制が存在しなかった。もともと事故想定がきわめて杜撰かつ過小評価であった（第8章参照）ことが現在まで尾を引いている。一九九九年九月の「東海村ＪＣＯ臨界事故」を契機に「原災法」が制定されたが、これも過小想定であった。さらに原子力や放射線に関する規制は通産省（現経済産業省）・文部省（現文部科学省）・厚生省（現厚生労働省）に分散し、さらに福島第一原発事故後に環境省が加わった。本来、原子力規制行政が複数の省庁にまたがる弊害を改善し一元化する趣旨があったはずだが、もともと明確な原子力防災体制が存在しない状況に環境省が加わったことにより、さらなる混迷をもたらしている面がある。

一般公衆の被ばく許容限度と「原子力災害対策指針」

前述のように、原子力防災は「被ばくを避ける」ことが第一の課題である。それでは「一般公衆（法律で定められた放射線業務従事者を除く）の被ばく許容限度」の数値的根拠が存在するはずであるが、意外にもこれが現在でも曖昧であり、混乱をきたしている。一般に公衆の法定被ばく許容限度は一年間で一mSv（ミリシーベルト）と認識されているが、政府は「一般公衆の被ばく限度の規制は設けられていない」と答弁している。[*5] この問題について整理しておく必要がある。

一般に「法律で定められている」との言い方をみかけるが、一般公衆の被ばく限度に関連する法律や手続として、①「核原料物質、核燃料物質及び原子炉の規制に関する法律（炉規法）」、②「放射性同位元素等の規制に関する法律（放射性同位元素等規制法、放射性同位元素等による放射線障害の防止に関する法律より改称）」、③原子力規制委員会が設置する「放射線審議会」がある。「炉規法」「放射性同位元素等規制法」とも、法律自体の条文には一般公衆の許容被ばく限度を数値として示す記載はない。これは原子力関係だけではなく、一般に日本の法律では法律自体に具体的な数値は記載されず、法律にもとづく政令・省令・規則・告示等で指定されることが多い。厳密には「法律」は立法（国会）、政令・省令・規則・告示は行政（政府）であるので性格が異なるが、これらを総称して一般に「法律で定められている」との言い方がされる。

許容被ばく限度に関する具体的な数値は、①の「炉規法」の関連では、法の下に原子力規制委員会が関与するいくつかの告示・基準などがあり、設置時・稼働時・廃棄時いずれも、周辺監視区域（一般に「敷地」とみなしてよい）において年間一mSvを超えてはならないとされている。②の「放射性同位元素等規制法」の関連では、放射性同位元素が原子力分野だけでなくさまざまな産業・医療分野で利用されているところから、各主務大臣等による政令・告示などによって定められ、実効線量が三カ月間につき二五〇μSv（マイクロシーベルト）を超えてはならないとされている。

③の放射線審議会はやや性格が異なり、ICRP（国際放射線防護委員会）の一九九〇年勧告に基づく数値である。ただしICRPは学術研究団体であり、勧告では日本国内で法的な規制値として効力がない。国内で法的な効力を持つ数値とした過程が「放射線審議会」である。審議会は文部省（旧）に設置されたが現在は原子力規制委員会が所管しており、放射線に関する基準を定める場合には同審議会に諮問することが定められている。同審議会の意見具申[*6]に基づき一般公衆の被ばく限度は同様に年間一mSvとされている。なお一九九〇年勧告の次に出された二〇〇七年勧告[*7]が出されているが一般公衆に対する数値の変更はない。

規制庁の屋内退避に関する検討[*8]ではIAEA（国際原子力機関）に準拠し、緊急防護措置実施の判断基準による一〇〇mSv／週（全身実効線量）および安定ヨウ素剤服用の判断基準五〇mSv／週（甲状腺等価線量）が採用されているが、これらも法的根拠はない。さらに原子力規制庁は二〇一八年一〇月に、原子力災害発生初期（一週間以内）の緊急時を対象に、「原子力災害事前対策の策定において参照すべき線量のめやすについて」[*9]と題する文書を提示している。同文書で「事前対策めやす線量は、安全と危険の境界を表すものではなく」「事前対策めやす線量を保守的に低く設定すること、事故、行動パターン、気象条件等について極端な場合を想定することは、放射線対策に偏重した緊急時計画の策定につながり、避難行動等、防護対策そのものの弊害を拡大する可能性がある」などと不明瞭な記述があるが、結局「めやす線量」として実効線量で一〇〇mSvの水準とするとしている。[*10]また現行の「指針」で避難（一時移転）の基準となるOIL1（避難等実施基準、五〇〇μSv／時）、OIL2（一時移転実施基準、二〇μSv／時を超えた時から起算しておおむね一日後に同基準値を超えた場合）について、IAEA技術文書で示された方法を踏まえて試算した結果、一般公衆の被ばく線量をそれぞれ五〇mSv／週程度、二〇mSv／年程度以下に抑える水準であることを確認したとして、別の基準が持ち出されている。[*11] 二〇一二年に原子力災害対策指針（初版）でOIL1・OIL2の基準を定めておきながら、二〇一八年になって「確認した」との記述は不可解である。なおOIL1・2について「指針」では「地表面からの放射線、再浮遊した放射性物質の吸入、不注意な経口摂取による被ばく影響を防止するため」とあり、グラウンドシャイン（地表面に沈着した核種からの被ばく・第4章）のみを考慮しているが、クラウドシャイン（通過する汚染大気塊からの被ばく）には言及がない。これはUPZでは屋内退避を原則としてプルーム（汚染大気塊）の通過を対象としているためと思われるが、被ばく量はたとえ建屋内に退避したとしても、プルームに起因する被ばくのほうが大きくなる可能性が高い。この点でも不整合がみられる。

これらはいずれも「試算」「めやす」と称しているが、原子力規制委員会での了承は経ているとしても政省令や告示として法的に有効化された数値ではない。原子力規制庁は「めやす」の文書では「放射線対策に偏重した緊急時計画」などと述べているが、原子力防災で放射線対策を目標とせずに、他に何の基準があるのだろうか。このような不統一であいまいな情報が、いつの間にか一般公衆に対する被ばくが一〇〇mSvまで許容されることを前提とした議論として通用し、裁判等でも被告（電力会社・国）が既成事実として主張している。[*12]

ICRP（国際放射線防護委員会）は一〇〇mSvを超えると被ばく線量に依存して発がんのリスクが増加することを示唆しているが、逆に一〇〇mSv以下では被ばくによる影響がないなどとは明記していない。逆にICRPは「直線しきい値なし（LNT）モデル」すなわち、被ばく線量の大小によらず比例して影響が発生するモデルを採用しているのであるから、被ばく線量が一定以下なら「安全」などという基準は存在しない。

ここまでの要約した説明でも入り組んでいるが詳細は資料[*13]を参照していただきたい。このような混乱が生じている原因は、規制行政庁として経済産業省・文部科学省・現厚生労働省・環境省が入り乱れ、原発事故による放射能汚染は従来の規制の枠外に位置付けられていることが一因である。今中哲二（京都大学・原子力工学）は、法令に従えば四〇〇〇〇Bq／㎡以上の汚染地域は「一時放射線管理区域」であり、除染を行った後に管理区域を解除する手順が必要になるが、福島県の面積の半分以上が該当し対処不能となった背景を指摘している。政府は「汚染対処特措法[*14]」を制定して「事故由来放射性物質」という新たな概念を設け、原発事故にともなう環境汚染を従来の法律の枠から切り離して、山林などの高レベル汚染については対象外とした。今中は科学的根拠に基づいて「環境基準」として統一化・明確化するべきであると指摘している[*15]。環境基準とは「環境基本法」に基づいて政府が定める環境保全行政上の目標であり、現在は大気汚染、水質汚濁、土壌汚染、騒音など（ただしダイオキシンのみ別法）に関して定められている。一方で環境基準は努力目標に過ぎず、政府に対しては直接の強制力がないことが制約である。

緊急時対策の「実効性」とは

どのような基準あるいは目標が達成されれば「実効性」があるかについて公的な評価や基準は存在しない。現在の制度下では、原子力規制委員会等の規制当局は避難計画の実効性について評価をしていない。形式的には避難計画の評価を行うのは各地域の原子力防災協議会と、そこから報告を受けた国の原子力防災会議である。「地域防災計画原子力災害対策編」は自治体ごとに策定されるが、国が関与して自治体の地域防災計画・避難計画の充実化を支援する目的で各原発ごとに「地域原子力防災協議会・作業部会（全国一三地域）」が開催される。[*16] 協議会の構成員は国（内閣府・原子力規制庁・経済産業省のほか警察・消防・自衛隊など）、関連自治体および原子力事業者等である。しかし各地域の防災協議会は少数しか開催されていない。[*17] 最も実務的な内容を検討すべき作業部会においても、通常は一時間前後から甚だしきは三〇分程度で終了という状態で、実質的な議論が行われているとは考えられない。

「地域原子力防災協議会」の内容は、「原子力防災会議幹事会」を経て首相および全閣僚が参加する「原子力防災会議」で報告される。[*18] 緊急時対応について原子力規制委員長が「〇〇地域原子力防災協議会において確認された〇〇地域の緊急時対応は、原子力災害対策指針に沿った具体的かつ合理的なものであると考えている」と発言し、政府（内閣総理大臣）が「〇〇地域の緊急時対応を了解した」と述べるのみであり、[*19] 国レベルでも避難計画の実効性を確認する責務を放棄している。同会議は通常二〇分程度の議事で終了し形式的な手続きのみである。机上計画として「具体的かつ合理的」であっても、それが現実に実行可能かについては何ら検討も評価もされていない。しかも実際には「実効性」という文言は使用されておらず、内閣総理大臣の挨拶を以て緊急時対策の実効性が確認されたなどという事実はない。ある地域では、原子力防災会議で了解されたはずの緊急時対応について、関連の訴訟で裁判所が「本件避難計画は不十分な点が少なからず存在するといわざるを得ない」と批判するようなレベルにとどまっている（第6章）。

前述のように原子力災害時における緊急時対策とは、一般公衆に対する被ばくを避けるための活動である。屋内退避にせよ避難・一時移転にせよ、その過程でどのくらい被ばくするのか、その被ばく量が一般公衆に対する被ばく許容限度に収まるのかが本質的な論点である。避難・一時移転の場合、いくら時間がかかってもよいという条件であればいずれは最終避難先に到達できるかもしれないが、その過程での被ばくが一般公衆に対する許容限度を超えるのであれば、そもそも緊急時対策が根底から破綻する。

利用可能なリソース（人的・設備的）が有限である中で、現実に実行可能な範囲で緊急時対策を講じても一般公衆に対する被ばくが法定の許容限度に収まらないのであれば、事業者はそのような被害が生じる原子炉および関連施設を稼働することは許容されない。その検討のための基本情報として、第一にいつ・どのような核種が・どれだけ放出されるかの事故進展シナリオの設定が不可欠となるが、規制庁は「事故の態様は，各発電所の設備の状況等によって異なるため，どの程度の規模の漏えいがどのようなタイミングで起こるかをあらかじめ限定することは合理的ではない」[20]としている。事故の態様が予想できないのであればそもそも避難計画を立案することができないはずである。

実効性に関しては、当事者である県・市町村でさえ明確な考え方を持っていない。ある地域の避難に関する有識者会合で、メンバーから「避難計画の実効性はどのように確認するのか」「避難計画の実効性を数値化して評価すべきではないか」との意見が提示されたことがある。[21]ところが当該の県は「避難計画などは、一定の基準さえ満足すれば良いという考えでなく、不断の見直しや改善を図る取り組みを行っていくものである。したがって、一定の到達点を示し、それを基準とすることは適当ではないと考える。また、その到達点、いわゆる基準についても人によってそれぞれの考え方があり、そもそも設定することが難しいと考えられる」と回答している。同県の広域避難計画では、住民の被ばくに関する定量的な評価は全くみられず「一定の基準さえ満足」以前の状態である。このような状態で数値的な基準もなく「不断の見直しや改善を図る取り組み」というのであれば、いずれの時点でも実効性の評価がないまま避難計画は有効とみなされることになり、もともと避難計画全体の信頼性が崩壊している。

深層防護の考え方

緊急時対策の前提として重要な概念が「深層防護」である。これは新しい概念ではなく福島第一原発事故前から国際原子力機関（IAEA）の国際原子力安全グループ（INSAG）の助言[*22]を受けて旧原子力安全委員会が推奨していたが、「考え方」にとどまり法的な枠組みや規制基準としては体系的には反映されていなかった。「深層防護」は五層からなり内容は次のとおりである。

第1層　異常・故障発生防止
　事故の引き金となる異常の未然防止。設計段階での安全性、品質管理、運転方法、点検・検査等により達成される。
第2層　事故への拡大防止
　異常検知、緊急停止システムなどにより達成される。
第3層　事故の拡大の防止
　想定される異常事態に対しての制御。非常用炉心冷却装置などの設備（工学的安全施設と呼ばれる）や緊急時対応手順により達成される。

第1～第3層まではプラントの設計段階から考慮されている事態に対する防護機能である。第3層までが成功すれば、放射性物質の系外への大規模な漏洩は防止される。福島第一原発事故でいえば、津波で冠水して機能を失った非常用発電機は第3層にあたる。ここまでの対応が失敗して燃料溶融などに進展した場合は次の第4層以降の段階となる。別の言い方では、第4層以降はプラントの設計基準外の事態への対処である。

第4層　放出抑制・拡散緩和

事故がより重大な段階に進展してしまった場合（発電所敷地外への影響が予想される場合）に、汚染の回避や最小化の対策。フィルタ・ベント、放水等の設備。

ここまでは発電所敷地内の事象であり事業者の責任となるが、ここから先は敷地外の事象となり法的にも枠組みが異なってくる。

第5層　人的被害防止・環境回復

放射性物質が敷地外へ放出された場合に、影響を緩和するための設備面、計画面の対応。ここで緊急時対応（防災）の段階となる。

料の使用により生じる放射性物質が外部へ漏洩することを防ぐ技術的な手段であり、①燃料ペレット、②燃料被覆管、③圧力容器、④格納容器、⑤原子炉建屋を指す。深層防護の分類でいえば第1層にあたる内容であるが、福島第一原発事故後では「五重の壁」ではなく「五重の将棋倒し」となり機能しなかった。

なお「五層」という名称からときおり誤解があるが「五重の壁」とは異なる概念である。「壁」は核燃

深層防護で重要な点は「各層は独立であり前段に依存しない」という概念である。すなわち前段が機能することを期待あるいは前提として後段を緩和してはならないという点である。第二〇四回国会原子力問題調査特別委員会第三号（二〇二一年四月八日）において更田豊志政府特別補佐人（原子力規制委員長・当時）は、議員の「新規制基準の審査と避難計画との関係性をどう見ているのか」との質問に対して「まず、原子炉等規制法に基づく審査に関しては、先生の御質問の中にありましたけれども、深層防護でいえば第一層から第四層、要するに、事故を防ぐ、それから万一事故が起きた場合でもその影響を緩和するという、いわゆるプラント側のものについて審査を行っております。しかしながら、どれだけ対策を尽くしたとしても事故は起きるものとして考えるというのが、防災に対する備えとしての基本であります。［中略］これが一緒くたになってしまうと、プラントに安全対策を十分に尽くしたので、防災計画はこのぐらいでいいだろうという考えに陥ってしまう危険もあります。また、防災計画というのは地域の実情に応じて策定されるべきものでありますので、プラントに対する安全性を見るという責任と、それから防災対策をしっかり策定するという責任というのは独立して考えるべきという性格を持っているものというふうに認識をしております[*23]」と答弁している。なおこの件に関し、原子力規制委員会に対して弁護士法に基づく「照会」の

手続きにより、更田特別補佐人の発言は同委員会としての見解であることを確認している。[*24] また法律との対応でいえば、第1〜第4層が「炉規法」、第5層が「災対法」「原災法」にあたる。

ここで、第1〜第4層は発電事業者が責任主体であることは明らかであるが、現行の法制上、発電事業者は敷地境界内にしか責任を持たず、第5層は発電事業者の関与は補助的な役割（情報提供、一部の設備提供、モニタリング支援、人員派遣等）のみである。避難計画の策定に対して発電事業者は当事者ではない。資料によっては第5層も事業者の範囲であるかのように表現した資料もあるが、[*25] 避難計画を中心とする緊急時対策に必要な人員の動員、実働組織（警察、消防、自衛隊、海上保安庁など）との調整など、多岐にわたる活動に対して発電事業者は何の権限もないので緊急時対策の主体にはなりえない。

また最近の電気事業法の改正[*26]において「エネルギーとしての原子力利用は［中略］福島第一原子力発電所の事故を防止することができなかったことを真摯に反省した上で、原子力事故の発生を常に想定し、その防止に最善かつ最大の努力をしなければならないという認識に立つて、これを行うものとする」との項が新設された。一連の法改正は原子力推進のためとの批判もある一方で別の側面もある。各地域の原発関連訴訟において、事故の発生の可能性を原告側が主張立証（第6章参照）するまでもなく「事故の発生を常に想定」することが法的にも明記されたとみることもできる。

原子力防災の「深層無責任体制」

「災対法」の体系下で、原子力災害についても当該地域及び当該住民の生命、身体及び財産を保護するため、道府県・市町村は「防災基本計画」及び「指針」に基づく地域防災計画を作成することが求められている。[27]「災対法」と「原災法」に基づき、都道府県は都道府県防災会議を設置し「都道府県地域防災計画（原子力災害対策編）」を策定する。また市町村は都道府県の計画と整合的な形で「市町村地域防災計画（原子力災害対策編）」を策定するにあたり、原災法に基づき原子力規制委員会は「指針」を提供することとされている。これと並行して内閣府・消防庁連名で「地域防災計画（原子力災害対策編）作成マニュアル（市町村分）[28]」が提供されている。またその解説資料的な位置づけとして、原子力規制庁は「〈原子力災害対策指針・補足参考資料〉地域防災計画（原子力災害対策編）作成等にあたって考慮すべき事項について[29]」を同時に公表している。

しかし「指針」は防災に関して地方公共団体の責務に関わる内容を記述していながら、原子力発電所の再稼働（あるいは新規稼働）の適否を評価する「実用発電用原子炉に係る新規制基準（以下「新規制基準」という）[30]とは関連を有さず、県・市町村の原子力防災計画・避難計画等の実効性の評価等は新規制基準に対する適合の要件とされていない。前述のように規制委員会は基準に適合しているかどうかを審査するだけで、安全という判定はしないし稼働の判断もしないとしている。また避難計画は県・市町村が策定するものであり規制委員会は援助するだけであるとしている。すなわち道府県・市町村は原子力防災に関する責務を負うにもかかわらず、三〇km圏はもとより原発が直接立地する市町村でさえも安全性に関しては関与の枠組みも手段もない。すなわち現行の法的な枠組みでは、地方公共団体の避難計画の策定に際して、どのような事態に対してどのような対策を講ずればよいのかという基本的な条件設定の初期段階からすでに矛盾を呈していることになる。既存の原子力発電所に関しては、法的強制力のない情報提供等に関する「安全協定」を締結するにとどまっている。これでは「災対法」「原災法」に定めるところの「住民の生命、身体及び財産の保護」に必要な措置を講ずることができず、制度上の重大な欠陥というべきである。

自然災害を対象に整備された災対法に対して、性質の異なる原子力防災が割り込んだ形となっているため自治体は対応に苦慮している。多くの基本計画は概念的・手続的な記述にとどまり、具体的な避難計画、すなわちどのような状況の時に、誰がどのように動くべきか、移動手段はどうするか等の内容は別に作成される。それが「広域避難計画」その他の実施計画である。法律的には防災計画は自治体の責務であるといっても、原子力災害の特殊性を考えると、避難計画の策定・評価など住民の安全に係る責任主体として、国（政府省庁）・規制委員会・発電事業者・地方自治体（道府県・市町村）の四者が考えられる。当然ながら四者が連携して取り組まなければならない課題であるが、実態は極めて曖昧である。

政府と規制委員会の関係は「規制委員会は適合性審査を行う機関であって再稼働の認可は行わない」「新規制基準には地域防災計画に係る事項は含まれていない。計画は都道府県及び市町村において作成等がなされるものであり、政府は原子力防災会議の下、支援を行っている」とされている。[*31] 規制委員会と発電事業者の関係では、発電事業者は、本質的な安全対策を講ずるよりも、規制委員会の動向を窺いつつ追加費用を極力抑えた弥縫策で審査を通過することを目標として対応している。

発電事業者と立地県・立地市町村の関係について、そもそも自治体には原発施設の設置・変更・運転に関与する法的な権限はなく「同意・了解・説明」という慣習的な手続きが存在するのみである。電力会社は自治体の了解なしに原発を稼働しても法的には違法ではない。自治体は住民の安全確保の責務を負っている以上、緊急事態に際して、住民に対して「誰が（個人の状況ごとに）・いつ・どこへ・どのような手段で・何を携行して」等の具体的な内容を伴う避難指示を発出しなければならない。そのためには、正確な現状と、今後の確実な見通しを電力会社から迅速に得る必要がある。しかし制度上は、緊急事態に際して電力会社はまず国に通報することになっており、自治体は電力会社の情報で自主的に動くことは難しい。国と自治体の関係も曖昧である。前出のとおり地域防災計画は自治体において作成するものとしている。国は「支援」として「地域防災計画（原子力災害対策編）作成マニュアル」等を提示しているが、その内容は検討すべき項目を列挙したに過ぎず、これを参照した道府県・市町村の計画もこれを引き写して固有名詞を書き換えた内容に過ぎないものも少なくない。このように国（政府）・規制委員会・電力会社・地方自治体（道府県・市町村）の四者が相互に責任を押しつけ合う「深層無責任体制」の下で、再稼働だけが独り歩きする現状となっている。

　ところで茨城県では「国の防災基本計画においては、東海第二発電所からおおむね半径三〇km圏内の地方公共団体に広域避難計画の策定を義務づけているが、避難計画の策定にあたり想定すべき事故・災害が具体的に示されていない」として、発電事業者（日本原子力発電）に対して事故想定に基づく放射性物質の拡散シミュレーションを要請した。これに対して発電事業者が二〇二二年一二月に報告書を提出した。[*32]この結果に対する評価は本書でも別途触れる（第7章）。また新潟県では、以前から実施されていた「三つの検証（第7章参照）」のうち技術委員会において同様の検討を行っている。[*33]しかし他地域では、発電事業者で内部的な検討はなされているかもしれないが、少なくとも公開されて防災計画と関連づけた情報は筆者が知る限り見いだせない。「防災計画の立案に際して、災害の想定がない」という状態は他の災害分野ではありえないが、国自体が「どうせ起きるわけがない」という無責任な前提を暗に設けていることを示している。

原子力規制委員会の評価

原子力の安全規制に関して、福島第一原発事故後の大きな変化は「原子力規制委員会」の設置である。事故前には、経済産業省の外局である資源エネルギー庁の中に「原子力安全・保安院」が設置され商用原子力発電に関する規制業務を担っていたが、本来規制する側が、原子力事業者など規制される側の影響下に服してきたため、期待される監査機能を果たしていないことが事故の背景であると指摘された[*34]。一方で原子力行政は経済産業省・文部科学省・環境省など関係省庁が複雑に入り組んでいたことも反省点として指摘され、整理すべきとの意見もあった。このため独立性を高めた「原子力規制委員会設置法」に基づき「原子力規制委員会」が環境省の外局として二〇一二年九月に発足した。発電事業者に対して強い権限を有することになったため委員の人事にも関心が集まったが、原子力推進側の関係者間にも存在した縄張り争いなども報道されている[*35]。

このように事故前との比較では規制の独立性が改善されたと評価することもできるが、一方で無責任体制に逆用されている面がある。国の原子力防災会議（首相以下全閣僚出席）ではきわめて軽い位置づけしか与えられていない。同会議には原子力規制委員長が出席するが、「〇〇地域の緊急時対応は原子力災害対策指針に沿った具体的で合理的なものであると考えられる」として地域名だけを入れ替えた短い定型句を発言するだけとなっている。一方でここにも責任回避が仕組まれている。「具体的かつ合理的という報告を受けたから了承した」のであって、もしそうでない事態が発生したときは報告のほうが不適切だったとして前段階（地域原子力防災協議会）の責任に帰する枠組みが用意されている。

脱原発を提唱する論者からは、原子力規制委員会はあれこれと書類を積み上げたあげく結局は「合格」を出してしまうので「規制委員会ではなく推進委員会だ」という揶揄もある。しかし福島第一原発事故のその年の夏には「ストレステスト」だけで再稼働していたことと比べれば、規制委員会が一定の歯止めになっていることは確かだろう。むしろ推進側から「牛歩戦術（審査を引き伸ばして再稼働の妨げになっている）」という批判が出ているほどである。[*36] 更田委員長（元）がいくつか注目すべき発言をしている。一つは新規制基準への適合は安全を意味しないという見解である。

国会の原子炉安全専門審査会・核燃料安全専門審査会で民主党（当時）の逢坂誠二議員の質問に対して「たとえ新規制基準に適合している炉であっても、百テラベクレルを上回るような放射性物質の放出を起こす事故の可能性というのを否定すべきではありません」と答えている。[*37] そもそも規制委員会の設置は民主党政権でなければ実現しなかったと思われるし、少なくとも規制と推進が一体という福島第一原発事故以前よりはある程度改善した。これも大惨事の中での一筋の光明といえる。この更田委員長の発言は、それ自体で再稼働を止める効力にはならないものの、各地の原発差し止め裁判では有効な情報となっている。

緊急時対応（第5層）が原子力規制行政の枠外になっている現状について、緊急時対応も審査・規制の対象に加えるべきとの指摘がある。裁判所でも国に対して避難計画を包括した規制基準の策定が望まれると判示した例（大津地裁決定、第6章参照）もある。しかし現状では、どのような基準が達成されれば実効性があるとするのか判断基準がない。第1～第4層で細部の議論はあっても結局は「合格」が出されてしまう実態を考慮すると、緊急時対応が原子力規制庁と切り離されていることにより逆説的ながら歯止めの役割があると考えることもできる。

一方で原子力規制委員会の独立性・中立性を脅かす動きが懸念される。本来、原子力規制委員会は「国家行政組織法第三条二項」に基づいて設置され、内閣からの独立性が高いとされてきた。同等の例は「中央労働委員会」「運輸安全委員会」などである。しかし実際の人事をみると原子力推進機関からの横滑り人事が多く、独立・中立は疑わしいとの指摘がある。[*38] さらに最近は、規制委員会を蚊帳の外に置いて原発の再稼働を促進する動きが生じている。二〇一二年九月に民主党政権は「二〇三〇年代に原発稼働ゼロを可能とする」との目標のもとに「革新的エネルギー・環境戦略」を決定し、①原発運転を四〇年に制限する、②新増設をしない、③安全確認を得た原発のみ再稼働するとの三原則を閣議決定した。福島第一原発事故直後でもあり、脱原発論者の中にはこれでもまだ甘いとの批判もみられたが、各党・省庁合意の結果として脱原発に向けて動き出した。ところがその後、同年一二月の自公政権復活から安倍・菅（義偉）政権を経て、再び原発回帰が強まっている。皮肉なことに、原子力規制庁の平成三〇年度研究職（技術研究調査官）採用試験では「原子力規制委員会では安全研究を行う上で独立性、中立性及び透明性の確保に留意することとしている。これらを確保するために研究者として大事であると考えることは何か、自身の経験や知見を踏まえ、考えを述べよ」という論文問題が出題されている。[*39]

二〇二三年五月三一日には通称「GX電源法」[*40]と呼ばれる「束ね法案」が成立した。これは「電気事業法」「原子炉等規制法」「使用済燃料の再処理等の実施に関する法律」「再エネ特措法」「原子力基本法」の五つの法律を一括して改正する法律である。脱炭素を名目に掲げてはいるが実質は原発回帰を促す内容である。「原発を止めた裁判官[41]」の樋口英明は、脱炭素を口実にした原発の推進を「説教強盗[42]」にたとえている。この「束ね法案」はエネルギー分野に限らず、二〇一五年九月の「平和安全法制[43]」の関連では一〇本の一括、二〇一六年一二月の「環太平洋パートナーシップ協定[44]」関連法では一一本の一括のように、「〇〇等」「〇〇関連」等の括りで自民党の政権復帰以降に国会で多用されるようになった。国会での審議を形骸化して政府の既定方針に後追いで法律のほうを合わせる手法として批判されている[45]。原子力防災に関連する事項では、四〇年を超える運転延長に関する規制が、原子力規制委員会の所管する原子炉等規制法から外し、経済産業省が所管する電気事業法へと変更された。その判断要素として脱炭素、電力の安定供給等が記載されているが、これにより規制委員会が蚊帳の外に置かれたまま恣意的な判断がなされるおそれがある。

自治体と再稼働の手続き

新潟県刈羽村の品田宏夫村長は原子力広報誌の対談記事で、再稼働に際して国も事業者も「同意プロセスが必要」と思い込んでいるが、それはメディアが形成した印象に過ぎず、そのようなプロセス自体が存在しないと述べている[46]。これは制度の面からは事実と言わざるをえない。一般に「合格」とか「地元が再稼働に同意」といった表現で報道されるが、いったいどのような根拠で判断されるのか、法律的根拠がいずれに求められるのかはきわめて曖昧である。むしろ制度設計がもともと意図的に誰も責任を負わない曖昧な仕組みとして構成されている。

一般に「地元が再稼働に同意」とされる経緯は、大別して「安全協定」「防災対策」「再稼働」の三つの部分から成る。第一の「安全協定」は前述のように「紳士協定」であり、当事者は地方自治体と発電事業者である。国は直接には関与しない。事業者は原子炉の設備を設置・変更しようとするときは事前に地方自治体（道府県・市町村）と協議することとされている。この段階では「安全性検討会」で主に原発の設備的な安全性（ハード面）について検討されるが、地方自治体に原発の技術的な専門家はおらず、会議は関連分野（地震・津波・原子炉・建屋・放射線など）の理工学系の研究者で構成される。この検討を受けて地方自治体は発電事業者に回答あるいは意見を伝達する。

第二の「防災対策」は「災害対策基本法（災対法）」「原子力災害対策特別措置法（原災法）」に基づく手順であり、各原発周辺の自治体は緊急時対応を策定する義務がある。地域防災計画原子力災害対策編は自治体ごとに策定されるが、国が関与して自治体の地域防災計画・避難計画の充実化を支援する目的で各原発ごとに「○○地域原子力防災協議会・作業部会（全国一三地域）」が開催される。[*47] 協議会の構成員は国（内閣府・原子力規制庁・経済産業省のほか警察・消防・自衛隊など）、関連自治体および発電事業者である。続いて「原子力防災会議幹事会」を経て、首相および全閣僚が参加する「原子力防災会議」で報告される。[*48]「幹事会」以降は内容に関する議論はなく「○○地域の緊急時対策について、具体的かつ合理的であるとの報告を受け了承した」との形式が踏襲されるだけである。避難計画のいわゆる「実効性」を検討するのはこの段階であるはずだが実質的な議論はされていない。

「原子力防災会議」でも最後の部分だけが報道公開され、首相の「○○地区の避難計画の実効性を確認した」等との発言が伝えられるのはこの段階である。なお正確には「実効性」という文言は使用されていない。すなわち計画は「具体的かつ合理的」であるかもしれないが、それが現実に実行可能かという担保は全く検討されていない。いわゆる「員数計画」である。しかしこの第二のステップは、原発の再稼働（新規稼働）に関する自治体の同意とは無関係である。

第三の「再稼働」は「核原料物質、核燃料物質及び原子炉の規制に関する法律（炉規法）」に基づく手順であり、電力事業者が新規制基準に対する適合性審査を申請し、原子力規制委員会がそれを審査する過程である。この審査書の公表がいわゆる「合格」と通称される段階であり報道でも最も注目される過程であるが、他に「工事認可」「保安規定認可」の手続きがある。このステップは原発や関連設備に関する技術的な検討であり、避難計画との関連性はない。これらの三つの部分は各々別の過程であり緊急時対応、ことに避難計画の実効性が担保されなければ再稼働（新規稼働）を認めないという制度的なチェック機能はどこにも存在しない。

また「海外では避難計画の実効性を公的機関が審査し、運転の可否の要件としているのか」との指摘がなされる。これに関して（旧）原子力安全基盤機構が福島第一原発事故直後に米国・英国・フランス・カナダ・ドイツ・韓国について調査を行っている。[*49] 米国では、米国原子力規制委員会（NRC）と連邦緊急事態管理庁（FAMA）が緊急時計画の基準を提示している。発電事業者は、まず原子炉設置時にNRCに緊急時計画の提出を必要とし、最初の稼働前および二年ごとに訓練を実施し、FAMAの評価と併せて運転の可否が判断される。その他の国では、原子炉の設置・稼働に関して緊急時対策の実効性を要件とする明確な制度はみられないようである。なお米国のショアハム原発に関して、避難計画の不備を理由として運転中止（一九八四年に建設が完了したが稼働せず廃炉）と伝えられるが、[*50] 緊急時対策の審査の結果として運転が差し止められたのではなく、住民運動を背景とした政治的過程であると思われる。

「三〇km」はどう決まったか

原子力防災の具体的な数値的根拠となる「原子力災害対策指針（指針）」の初版は、民主党政権下の二〇一二年九月に原子力規制委員会が発足した直後の同年一〇月に公表された。ここで現在はよく知られるようになった「五km圏（PAZ）」「三〇km圏（UPZ）」が制定された。このことから逆に、発生源から三〇km離隔すれば安全であるかのような認識が生じ、地方公共団体の避難計画でさえその認識を暗黙の前提としている例が少なからずみられる。しかし三〇km離隔すれば安全ということは国も規制委員会も何ら言明していない。

ではどのように三〇kmが定められたのか。前述のように住民の被ばくは、発生源からいつ・どれだけの放射性物質が放出されるかの設定や、気象条件（風向・風速）、採用するシミュレーションモデルにより大きく左右される。「指針」の策定時には、福島第一原発事故で1〜3号炉から放出されたと推定される量をベースに、米国で開発されたMACCS2というシミュレーションモデル（第4章参照）を採用して試算している。なお各サイトごとに炉の設置数や大きさが異なるため、各々のサイトの出力に比例して放出量を調整している。設定された条件は次のとおりである。

- 放出量はセシウムが約四〇PBq（ペタベクレル）、ヨウ素が約二〇〇〇PBqなど

・福島第一原発事故における1〜3号機の三基分の総放出量が一度に放出と仮定
・放出継続時間は福島2号機を参考にして一〇時間を仮定
・地上放出（高度〇m）を仮定（地表面近傍で濃度が大きくなる）
・各サイトにおける統計的な気象条件を仮定

この条件で各サイトごとの気象条件（出現頻度の少ない極端な条件を除く）に対して計算した。この時点では屋内退避による被ばくの低減は考慮されていない。その結果、ＩＡＥＡ（国際原子力機関）の基準で避難（一時移転）が必要となる値として、五㎞圏では急性外部被ばく赤色骨髄線量が一〇時間で一Gy（グレイ）[*51]、三〇㎞圏では最初の七日間で実効線量が一〇〇mSv（シーベルト）に収まる距離がいずれのサイトでも五㎞以内あるいは三〇㎞以内であることを確認した。[*52] しかし言いかえれば、公衆の年間被ばく許容限度が法定で年間一mSvとしている一方で、原発周辺の公衆は緊急時には一〇〇mSvまで許容されることになる。この矛盾に関して何ら法的に確認しうる根拠はなく、ＩＡＥＡ（国際原子力機関）の基準に準拠したとの説明のみである。なおシミュレーション上、次のような制約があるとしている。

・地形情報を考慮しておらず、気象条件についても放出地点におけるある一方向に継続的に拡散する（風向・風速の時間的な振れを考慮しない）と仮定していること。
・シミュレーションの結果は個別具体的な放射性物質の拡散予測を表しているのではなく、年間を通じた気象条件などを踏まえた総体としての拡散の傾向を表したものであること。

- 初期条件の設定（放射性物質の放出シナリオ、気象条件、シミュレーションの前提条件等）や評価手法により解析結果は大きく異なること。
- 各サイトで実測した八七六〇時間（三六五日×二四時間）を用いているため、すべての気象条件をカバーできるものではなく、また今後の事故発生時の予測をしたものでもない。

「指針」の方針転換

以上のように福島第一原発事故を契機にひとまず緊急時対応が見直されたが、その後まもなく「できるだけ住民を避難させない対策」に方針が転換された。いわば「平成の防空法[*53]」への方針転換である。その背景については明示されていないが、原子力緊急事態の避難は、国の判断に基づいて地方公共団体の指示に基づく避難となるため、事後の補償の対象をできるだけ少なく限定する思惑が背景にあるものと推定される。

二〇一四年五月になり「リスクに応じた合理的な準備や対応を行うための参考」として、三〇km圏では避難でなく屋内退避を原則とする方向に変更された。初版時点では避難方法について具体的な方針は明記されておらず、一斉避難とも解釈しうる状態となっていた。しかしその後、各サイトに対する避難時間シミュレーション（ETE・第5章参照）が実施されるにつれ、三〇km圏の迅速な避難は困難という結果が提示され、屋内退避に変更せざるを得なくなった経緯が推定される。このため屋内退避を正当化するような試算が提出された。[*54]資料では次のように説明されている。

原子力災害対策指針の考え方に基づき、関係自治体において、各地域の実情を踏まえて、地域防災計画の策定等が進められているが、原子力災害の様態は、事故の規模や進展の状況等によって多様であり、実際の原子力災害時には、状況等に応じて、柔軟かつ適切な対応が求められる。このため、関係自治体において、リスクに応じた合理的な準備や対応を行うための参考としていただくことを目的として、仮想的な事故における放出源からの距離に応じた被ばく線量と予防的防護措置による低減効果について、全体的な傾向を捉えていただくための試算を行った。

としている。ここでシミュレーションの前提が二〇二二年一〇月の試算から大きく変えられている。旧試算は、放出量などについて福島第一原発事故の結果を反映していたのに対して、二〇一四年五月の試算は、以後再稼働する原発は、新規制基準への適合性審査において、容器破損モードに対してセシウム137の放出量が一〇〇TBqを下回ることが確認されているとして、それを条件としている。これは福島の実績に対しておよそ一〇〇分の一に想定を下げた量に相当する。またその想定は加圧水型（PWR）に対するシナリオであり、PWRを主とする西日本で再稼働の準備が先行していた事情に合わせたものと思われる。一方で二〇二四年以降に再稼働が予想されるBWRについての検討はない。このような条件で、国内で開発されたOSCAARというシミュレーションモデルを採用して試算を行い、次のような「示唆」を示した。

（1）PAZ（五km圏）における防護措置

- PAZでは、放射性物質の放出前に、予防的に避難を行うことが基本。
- ただし、予防的な避難を行うことによって、かえって健康リスクが高まるような要援護者については、無理な避難を行わず、屋内退避を行うとともに、適切に安定ヨウ素剤を服用することが合理的。
- なお、コンクリート構造物は、木造家屋よりも被ばく線量を低減させる効果があることが知られている。また、医療機関等のコンクリート建物に対して放射線防護機能を付加することで、より一層の低減効果を期待できる。

（2）UPZ（三〇km圏）における防護措置

- UPZでは、放射性物質の放出前に、予防的に屋内退避を中心に行うことが合理的。

（3）放射性プルーム通過時の防護措置

- 放射性プルームが通過する時に屋外で行動するとかえって被ばくが増すおそれがあるので、屋内に退避することにより、放射性プルームの通過時に受ける線量を低減することができる。

また別の面の変更として、二〇一七年七月五日の「指針」第八回改訂では、原子力緊急事態の第一段階である「警戒事態」の要件の一つである地震と津波に関する基準が緩和された。改訂以前は、原発が立地する都道府県において震度六弱以上の地震の発生や大津波警報の発表（予報区）が対象であったが、その範囲が市町村に縮小された。たとえば強い地震が発生した場合でも、原発が立地する市町村で震度六弱未満であれば、その近隣の市町村でより大きな震度が観測されていても警戒事態には該当しないことになった。

新規制基準と原子力事故の性格

新規制基準は「世界一厳しい」と称されているが、その内容自体にも多くの異論があり国会でも指摘されている。[*55] たとえて言えば、玄関には何重にも鍵や監視カメラを取り付けたが、窓やベランダは前のままというのがその性格である。さらに新規制基準を書類の上でクリアしていても、実際の現場がそうなっているという必然性は全くない。また重大な原発事故の多くは、実は「核反応」とは関係のない一般的な技術の範囲あるいは単純なミスが発端となっている。

適合性の審査は一般に「合格」と通称されているが、住民の生命・健康に具体的な危険を及ぼさないことは何ら担保していない。具体例を提示すれば次のような点である。たとえば「審査書」には「適切に整備される方針であることを確認した」との文言が多用されている。この記述にみられるように、個々の技術的内容としては妥当であるとしても、規制委員会の審査は「方針であることを確認した」のであって、実際にそれが実行可能であるかには何ら関与していない。規制委員会の審査は「その対処が成功したとすれば、放射性物質の環境への放出を一定以下に抑制できる」という机上のシナリオを審査したのであって、それが実行可能かどうかは審査の対象とはなっておらず事業者に委ねられている。この関係性は前出特別委員会においても規制委員長が明言している。すなわち「新規制基準に対する適合性の審査の中では、まず、先ほどお答えした百テラベクレル以下のものというのは、緩和する対策が機能したときの、いわゆる成功パスのときの値です。この成功パスの結果が百テラベクレルを下回っているということは確認する必要があって、成功パスでもそれを上回る場合というのは許可することができません。さらに、その審査の中では、百テラベクレルを上回るような事故が起きた場合の対策についても審査を行っております。そういった意味で、百テラベクレルを上回る、下回るが合格であるとか不合格であるとかという基準になっているわけではございません*56」と答弁しているとおりである。

「新安全神話」の蔓延

二〇一九年一一月に規制委員会の更田豊志委員長（当時）は「どんなに備えても事故はあるものとして考える」「規制当局に安全ですよと言ってほしい人たちがいることは承知しているが、安全であるというようなことは絶対に申し上げない」と述べている。*57 これは同月に茨城県東海村の山田修村長が原子力業界誌の対談で日本原子力発電東海第二原発の再稼働を推奨し、その中で原子力規制庁が安全を明言しない姿勢に不満を表明したことに対する反応である。山田村長の論点はいくつかあるが、避難に関する部分を抜粋すると福島原発事故で指摘された「安全神話」がそのまま復活した印象を受ける。

「新規制基準によって安全対策が多重にできたので福島のような事故は起こらない」
「ＵＰＺ（東海第二に関しては九四万人）の全員避難は、よほど事象が進展しないと起こらず、新規制基準でその前に事故を収束できる」
「安全性が向上し放射性物質の拡散は抑制されるので避難には時間の余裕がある」

「原子力災害対策指針で最悪の事態を想定する前提になっているため思考停止になってしまう。発電所の安全対策と避難計画が別建てになっているのは不都合である」

「UPZはまずは屋内退避であり、事象の進展に応じて段階的避難となるが、時間の余裕があるので住民が冷静に行動すれば避難できる」

などである。しかしこれらの認識には多くの誤解が積み重なっており、実体のない「新安全神話」に基づく議論である。例えば「原子力災害対策指針で最悪の事態を想定する前提になっている」との認識は明らかに誤りである。UPZが屋内退避でよいとされたのは、放射性物質の放出量を福島第一原発事故の約一〇〇分の一（セシウム放出量として）に引き下げてしまったからであり、最悪想定どころか根拠のない楽観に基づいている。国はもとより誰も責任を持っていないのに「新安全神話」が蔓延を始めている。

注

1 内閣府「災害時要援護者対策」ウェブサイト。https://www.bousai.go.jp/taisaku/hisaisyagyousei/youengosya/index.html

2 「災害対策基本法」。https://elaws.e-gov.go.jp/document?lawid=336AC0000000223

3 「原子力災害対策特別措置法」。https://elaws.e-gov.go.jp/document?lawid=411AC0000000156_20230616_505AC0000000058

4 「災害救助法」。https://elaws.e-gov.go.jp/document?lawid=322AC0000000118

5 国会質問主意書答弁「参議院議員山本太郎君提出放射線被ばく防護に関する質問に対する答弁書」内閣参質第

一八五第二一号、二〇一三年一〇月二九日。https://www.sangiin.go.jp/japanese/joho1/kousei/syuisyo/185/touh/t185021.htm

6 「ICRP1990年勧告（Pub.60）の国内制度等への取入れについて（意見具申）」（平成一〇年六月放射線審議会）。https://warp.da.ndl.go.jp/info:ndljp/pid/1938992/www.mext.go.jp/b_menu/shingi/sonota/81009.htm#05

7 環境省ウェブサイト「防護の原則　国際放射線防護委員会」。https://www.env.go.jp/chemi/rhm/kisoshiryo/pdf_h30/2018tk1s04.pdf 166 頁

8 原子力規制委員会「緊急時の被ばく線量及び防護措置の効果の試算について」二〇一四年五月二八日。https://www.nra.go.jp/data/000390844.pdf

9 原子力規制庁「原子力災害事前対策の策定において参照すべき線量のめやすについて」二〇一八年一〇月一七日、一頁。https://www.nra.go.jp/data/000249587.pdf

10 同二頁。

11 同三頁。

12 例として平成23年（ワ）第1291号ほか伊方原発運転差止請求事件、被告側準備書面（24）。

13 「第一九回新潟県原子力災害時の避難方法に関する検証委員会」大河委員委員提出資料「被ばく線量限度に関する法令上の記載」二〇二一年一〇月二二日。https://www.pref.niigata.lg.jp/uploaded/attachment/291149.pdf

14 正式名称「平成二十三年三月十一日に発生した東北地方太平洋沖地震に伴う原子力発電所の事故により放出された放射性物質による環境の汚染への対処に関する特別措置法」https://elaws.e-gov.go.jp/document?lawid=423AC1000000110

15 今中哲二「原発放射能汚染の実態と長期的対応」日本建築学会長期災害対応特別研究委員会公開研究会資料、

二〇二三年五月三一日。

16 内閣府「地域防災計画・避難計画策定支援」https://www8.cao.go.jp/genshiryoku_bousai/keikaku/keikaku.html

17 たとえば内閣府「島根地域の緊急時対応」https://www8.cao.go.jp/genshiryoku_bousai/kyougikai/02_shimane.html

18 http://www.kantei.go.jp/jp/singi/genshiryoku_bousai/

19 たとえば首相官邸「令和3年度 第12回原子力防災会議議事要旨」令和三年九月七日。https://www.kantei.go.jp/jp/singi/genshiryoku_bousai/dai12/gijiyousi.pdf

20 原子力規制庁「原子力災害対策指針及び関係する原子力規制委員会規則の改正案に対する意見募集の結果について」平成二七年四月二二日、別二・五頁。

21 「島根原子力発電所2号機の安全性等に係る島根県原子力安全顧問の意見」（令和三年一二月）。https://www.pref.shimane.lg.jp/bousai_info/bousai/genshiryoku/komonn.data/2gou-komoniken.pdf

22 IAEA International Nuclear Safety Advisory Group, "DEFENCE IN DEPTH IN NUCLEAR SAFETY INSAG-10", 1996 https://www-pub.iaea.org/MTCD/publications/PDF/Pub1013e_web.pdf

23 第二〇四回国会原子力問題調査特別委員会第3号（令和三年四月八日）議事録。https://www.shugiin.go.jp/internet/itdb_kaigiroku.nsf/html/kaigiroku/026520420210408003.htm

24 原規法発第2206241号・原子力規制委員会委員長更田豊志「弁護士法第二三条の二に基づく照会について（回答）」、令和四年六月二四日。

25 山口彰「深層防護の考え方、活用の検討状況」日本原子力学会二〇一三年春の年会・標準委員会セッション1、二〇一三年三月二六日。http://www.aesj.or.jp/sc/comitees/gijiroku/etc/sc2013-0102.pdf

26 「脱炭素社会の実現に向けた電気供給体制の確立を図るための電気事業法等の一部を改正する法律案」のうち第五条「原子力基本法の一部改正」と題する項。https://www.sangiin.go.jp/japanese/joho1/kousei/gian/211/pdf/t0802110262110.pdf

27 内閣府原子力防災「計画・指針・マニュアル等」http://www8.cao.go.jp/genshiryoku_bousai/keikaku/keikaku.html

28 内閣府「地域防災計画（原子力災害対策編）作成マニュアル」http://www.fdma.go.jp/disaster/chiikibousai_genshiryoku/manual_shichoson.pdf

29 原子力規制庁「地域防災計画（原子力災害対策編）作成等にあたって考慮すべき事項について」。http://www.nsr.go.jp/data/000047200.pdf

30 「原子炉等規制法」の改正と並行して「実用発電用原子炉に係る新規制基準」が二〇一三年七月八日に施行された。

31 「原発の再稼働と地域防災計画に関する質問主意書」第一八六国会・衆議院質問第三四号、二〇一四年二月一三日提出

32 茨城県「放射性物質の拡散シミュレーション実施結果について」https://www.pref.ibaraki.jp/bousaikiki/genshi/kikaku/kakusansimulation.html

33 新潟県「原子力発電所の安全管理に関する技術委員会・放射性物質拡散シミュレーション結果」、二〇一五年一二月。および「詳細結果一覧」。https://www.pref.niigata.lg.jp/uploaded/attachment/37788.pdf https://www.pref.niigata.lg.jp/sec/genshiryoku/1356828270087.html

34 東京電力福島原子力発電所事故調査員会『国会事故調報告書（本編）』五頁ほか（CD—ROM版）、二〇一二年九月。

35 「原子力規制委員長　原発の死命を制する権力者の本性」『選択』二〇一六年四月号、一一〇頁
36 石川和男「世界水準から大幅乖離、過酷さ増す日本の原子力規制」ＪＢｐｒｅｓｓ、２０１９年８月２日
37 第二〇四回国会原子力問題調査特別委員会第三号、二〇二一年四月八日。https://www.shugiin.go.jp/internet/itdb_kaigiroku.nsf/html/kaigiroku/026520420210408003.htm
38 新藤宗幸『原子力規制員会―独立・中立という幻想』岩波新書一六九〇、二〇一七年、七二頁、二〇七頁。
39 「平成３０年度研究職（技術研究調査官）採用試験」http://www.nsr.go.jp/data/000279160.pdf
40 正式名称「脱炭素社会の実現に向けた電気供給体制の確立を図るための電気事業法等の一部を改正する法律」
41 樋口英明『南海トラフ巨大地震でも原発は大丈夫と言う人々』旬報社、二〇二三年、一三六頁。
42 一九二六～二九年にかけて東京で強盗を繰り返した男性Tは、犯行後に被害者に防犯の注意をして立ち去ったことから新聞で「説教強盗」と呼ばれるようになった。
43 正式名称「我が国及び国際社会の平和及び安全の確保に資するための自衛隊法等の一部を改正する法律」。
44 正式名称「環太平洋パートナーシップ協定の締結に伴う関係法律の整備に関する法律」。
45 吉川沙織議員提出「束ね法案に関する質問主意書」第一九〇回国会、参議院質問第三三号　https://www.sangiin.go.jp/japanese/joho1/kousei/syuisyo/190/syuh/s190033.htm
46 「ＢＷＲの再稼働　困難あり、便法あり、希望あり」『ENERGY for the FUTURE』ナショナルピーアール社、二〇一九年第四号、四頁。
47 内閣府「地域防災計画・避難計画策定支援」https://www8.cao.go.jp/genshiryoku_bousai/keikaku/keikaku.html
48 http://www.kantei.go.jp/jp/singi/genshiryoku_bousai/
49 （旧）原子力安全基盤機構「平成二三年度　原子力安全規制防災等の体制制度に関する海外調査」http://www.

nsr.go.jp/archive/jnes/info/20121029_01.html 等より。

50 第一八九回国会　原子力問題調査特別委員会　第三号、二〇一五年四月二三日（柿沢未途議員発言）https://www.shugiin.go.jp/internet/itdb_kaigirokua.nsf/html/kaigirokua/026518920150423003.htm

51 グレイは概略でシーベルトと同等。

52 原子力規制庁「拡散シミュレーションの試算結果（総点検版）」二〇一二年一二月　https://www.nra.go.jp/data/000024448.pdf

53 防空法の性格については、たとえば水島朝穂・大前治『検証防空法　空襲下で禁じられた避難』法律文化社、二〇一四年など。空襲に対する備えというよりも、むしろ地方機関や市民を効果的に統制することに主な狙いがあった。

54 原子力規制委員会「緊急時の被ばく線量及び防護措置の効果の試算について」二〇一四年五月二八日。https://www.nra.go.jp/data/000390844.pdf　資料2 https://www.nsr.go.jp/data/000047953.pdf

55 衆議院平成二十七年九月九日提出質問第四一四号「我が国の発電用原子炉に係る新規制基準に関する質問主意書」原口一博議員提出。http://www.shugiin.go.jp/internet/itdb_shitsumon.nsf/html/shitsumon/a189414.htm

56 前出・第二〇四回国会原子力問題調査特別委員会第三号。

57 原子力規制委員会記者会見録（二〇一九年一一月三日）。https://www.nsr.go.jp/data/000290716.pdf

4 被ばくのシミュレーション

汚染物質の実体

第3章で述べたように、原子力防災の主目的は「被ばくをいかに避けるか」であり、その一つの柱として、放射性物質がどのように人間に到達するか、技術的な用語では拡散の推定が重要となる。本章ではその過程について順を追って解説する。放射性核種は放射線（α線・β線・γ線）を放出しながら崩壊を起こして別の元素に変化してゆく。最初の原子数が崩壊して半分の原子数になるまでの時間が「半減期」と呼ばれるが、その時間は核種により極端な差があり、秒単位以下の短い核種から、億年単位の長い核種まである。福島事故により環境中に放出された放射性物質のうち、ヨウ素131は半減期が八日なので放出から月単位の時間が経てばほぼ消滅する。現時点で空間線量率に関与しているのは主にセシウム137（半減期三〇年）と考えられる。本書執筆時点（一三年後）でも当初の二割減衰する程度で、もともと放出された総量が多いためセシウム137による汚染は長く続く。

福島第一原発事故のように、破壊された核燃料から放射性物質が環境中に放出される場合、被ばくの観点からはまず二種類に分けられる。第一はガス状の核種で、これは大気の流れに乗って広がりながら（拡散）移動し、放射線を放出する。これらはガス状なので地表や水面に沈着することはなく、汚染大気塊（プルーム）が通過してしまえばそれ以後の被ばくは発生しない。第二は、簡単にいえば粒子状の物質である。これらの核種は純粋の原子として単体で飛んでいるのではなく、他の物質との化合物となり、それが相互に集まったり、放射性物質ではない別の大きな粒子（「担体」という）に乗って移動するなど複雑な形態となっている。こうした粒子の大きさはおおむねμｍ（百万分の一ｍ・通称ミクロン）の単位の微粒子である。このサイズの粒子は、大気中に舞い上がるとなかなか沈降せず、風に乗って長い距離を移動するが、気体ではないので少しずつ沈降する。雲（気象上の）は一見浮いているように見えるが実体は水や氷の粒子であり、それが次第に集まって雨として落ちてくる現象と似ている。粒子の実像は今もよくわかっていない。[*1]なお粒子は気流に乗って移動する微細なチリ状であるが、一方で福島第一原発事故の建屋爆発直後に、近隣の自治体で断熱材の破片とみられる物体が雪のように降下した状態[*2]などはシミュレーションの対象外である。

原子としてのセシウムは一個の直径[*3]がｎｍ（ナノメートル・一〇億分の一ｍ）以下で感覚的には想像もつかない微細な物質である。また福島第一原発事故で飛散した正味のセシウム原子の総重量は正味数kgにすぎない。それが散らばって広範囲にわたる被害をもたらしたのであるから、セシウム自体が微量でもいかに強烈な有害性を有するかが想像できるであろう。粒子状の物質の中で、被ばくの観点からさらに分けると、前述の半減期が短いグループと長いグループがある。短いグループではヨウ素１３１が代表的である。大

図４－１　被ばくの模式図（便宜上プルームモデルの概念で表示）

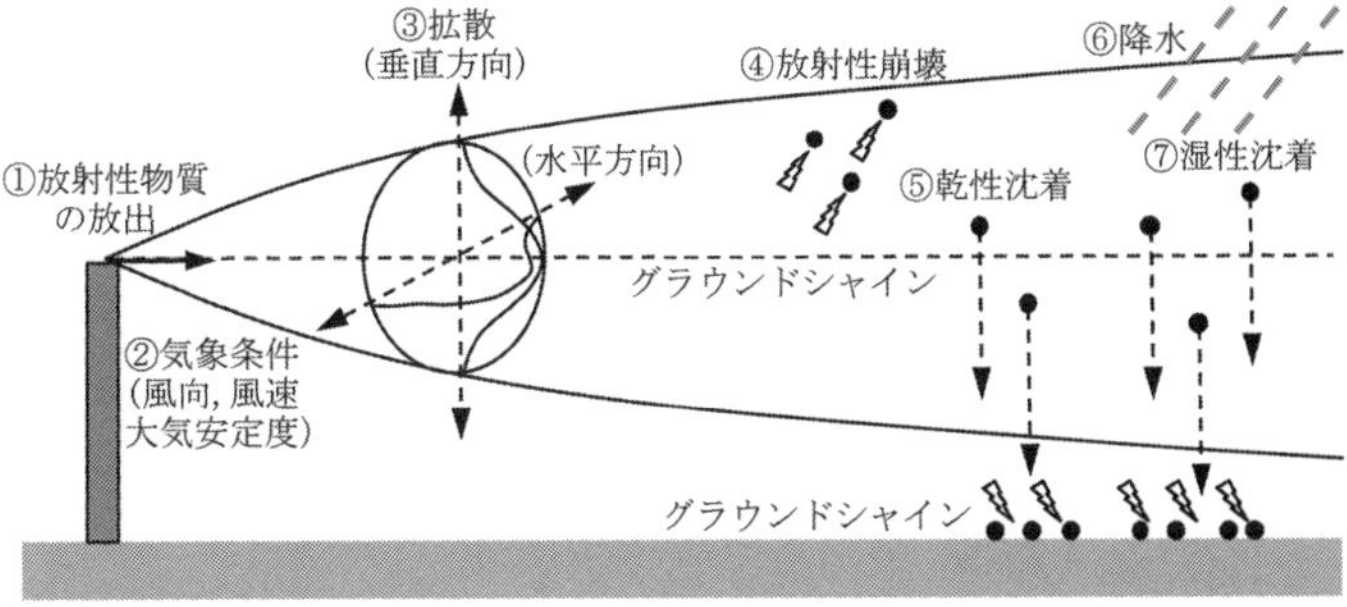

気の流れに乗って移動しながら放射線を放出するとともに、一部は地表や水面に落下し、そこでも放射線を放出する。半減期が日～週単位なので、その時間内での被ばくを避ける対策が重要である。それ以降は自然消滅してしまうので対策は意味がない。また長いグループではセシウム１３７が代表的である。地表や水面に落下した分から長期間にわたって放射線の発生が続く。落下した粒子の付着した土などを集めて別の場所に移動させる（いわゆる除染）しかない。この意味では「除染」ではなく「移染」にすぎないと指摘する論者もある。

人体への到達経路

図４－１に放射性物質の移動と被ばくの概念、**表４－１**にその解説を示す。最も直接的に推定しうる被ばくは「外部被ばく」（人間の体表面から）である。これを推定する直接的な指標は「空間線量率」であり、しばしば目にする「毎時μSv（マイクロシーベルト）」等の数値である。これは時間あたりの「率」であり、この数値に滞在（ばく露）時間を乗じた数値が累積の被ばく量となる。建屋爆発が相次いで汚染大気塊（プルーム）が次々に飛来した事故初期を除いて、現在の空間線

量率の主な要因は、土壌・建造物・植物などに付着した個体の粒子状の放射性物質に起因する放射線である。建造物や植物に付着した放射性物質は、自然の重力や雨・雪などに伴って次第に下へ移動してくるから、一般には地面に近いほど線量率が高い。このため「除染」という、表土をはぎ取ったり建造物の表面を水洗するなどの物理的方法によって、各地域の空間線量率を低減する対策が行われてきた。同じ場所でも地面からの距離によって測定値が異なるので、通常は地面から一ｍを標準として測定する。同じ地域でも大人より背の低い子供ほど多く被ばくする確率が高い。

表４－１　被ばくの経路

放射線の発生源	被ばくの種類	評価指標（一般的な単位）
④通過する汚染大気塊中に浮遊するガスや粒子（に乗った放射性核種）	［外部被ばく］クラウドシャインによる外部被ばく	線量率（μSv／h）×ばく露時間（滞在時間）で被ばく量として評価（通常はｍSv単位）する。 屋内では建物による遮へいで露天よりは被ばくが軽減される。遮へい率は建物の構造により異なる。
④通過する汚染大気塊中に浮遊するガスや粒子（に乗った放射性核種）	［内部被ばく］汚染大気塊の吸入による内部被ばく	汚染物質濃度（Bq／㎥）×呼吸量×曝露時間（滞在時間）で取込み量を推定し、核種ごとに線量率換算係数＊6（Sv・㎥／Bq・s）を用いて被ばく量（通常はｍSv単位）に換算する。体内に長期間留まる影響を核種ごとに預託線量として換算（通常はｍSv単位）して評価する。 屋内では建物の構造にもよるが完全密閉（循環浄化システム）でないかぎり汚染大気の一部が侵入するため、露天よりは低減するが吸入による内部被ばくが発生する。

⑤＋⑦沈着物	［外部被ばく］地表等に降下した放射性物質からの放射線（グラウンドシャイン）希ガスは沈着しない	地表汚染密度（Bq／m^3）×線量率換算係数（Sv・m^3／Bq・s）×曝露時間（滞在時間）で核種ごとに被ばく量として評価（通常はｍSv単位）する。グラウンドシャインという名称ではないが人体・衣服・自動車等に付着する表面汚染（緊急防護措置としてはｃｐｍで測定）も⑤＋⑦に由来する。
		屋内では建物の構造にもよるが完全密閉（循環浄化システム）でないかぎり汚染大気の一部が侵入するため、汚染大気中の粒子状物質が屋内に侵入し沈着する。壁や窓のすき間を通過する際に一定のフィルター効果があるが、屋内に侵入し沈着した粒子状物質は除染（掃除）しないかぎり被ばくは継続する。
⑤＋⑦沈着物	［内部被ばく］汚染された水・食品の摂取による内部被ばく	原子力災害における避難の過程では現地の天然水や農水産物を直接摂取する機会はほとんどないと思われる。浄水場等に降下した放射性物質を上水道を通じて摂取する可能性はあるが今のところ考慮されていない。
⑤＋⑦沈着物（再飛散）	［内部被ばく］地表等に降下した放射性物質が気象条件により再飛散して大気中を浮遊（塵埃）した放射性物質を吸入することによる内部被ばく	再飛散による被ばくはありうるが明確な推定手法がない。避難の過程では考慮されていない。
		屋内に侵入・沈着した粒子状物質の再飛散は考えられるが明確な推定手法がない。
自動車避難中の被ばく	通常のバス・乗用車は密閉ではないのでメカニズムとしては屋内退避と類似であるが各種の低減率が異なる（後述）。	

現状で政府・地方公共団体が採用している基準はICRP（国際放射線防護委員会）の考え方を踏襲している。しかしICRPはその歴史的・政治的経緯から、まず広島・長崎の核兵器による被ばくを低く評価する傾向があり、その後は原子力のエネルギーとしての利用を促進する目的も加わって、内部被ばくを過小に評価する傾向があるとの批判がある。一般公衆に対する被ばく限度の一mSv／年（第3章参照）は、外部被ばくについての数値である。この基準をクリアしているからといって、内部被ばくについても問題のないレベルであるという関係はない。被ばくに関する詳しい説明は多くの解説が提供されているが、たとえば矢ヶ崎克馬の著書[*4]などを参照していただきたい。

外部被ばくは、測定方法や誤差の要因を理解した上であれば個人でも比較的容易に測定が可能（携帯線量計など）である。もとより現時点での空間線量率の大部分は、地表あるいは地上の物体に付着している放射性物質に起因しているから、周辺の空間線量率が高ければ内部被ばくの可能性も高まるが「空間線量率が何μSv／時（すなわち外部被ばく）ならば、内部被ばくは年間何mSvに相当する」という比例的な換算の方法はない。一方で「内部被ばく」の観点では、汚染大気の直接の吸入のほか、地面から舞い上がった塵埃を吸い込む、飲食物に付着していた粒子の摂取、家畜が摂取した放射性物質が畜産物（乳製品・肉類）に移行したものを人間が摂取する、海洋に流出した放射性物質が魚介類に蓄積するなど、非常に多岐にわたる経路が考えられる。呼吸や飲食を通じて体内に取り込まれた放射性物質に起因する内部被ばくは個人での測定は困難である。多くの資料があるが参考文献を参照していただきたい。[*5]このような背景の下で、あえて土埃を吸い込むような行動はもってのほかである。驚くべきことに二〇一五年一〇月には、福島県いわき市から新地町までの国道6号の約五〇kmで、「ボランティア」と称する清掃活動に二〇〇人の高校生を動員するイベントが行われた。[*6] 主催者は「前もって放射線量を計って安全性は確認済み」などと主張しているが、前述のように内部被ばくは空間線量率とは関連づけられないのであり、何を根拠に「安全」と評価したのか全く意味不明である。

放出された核種がどのように拡散してゆくかのシミュレーションはさまざまな計算法がある（後述）が、いずれもある条件（気象条件や風速など）での汚染大気中での濃度（大気の体積あたりの汚染物資の量・通常はBq／m^3の単位）と、それに対応して地表面等に沈着する核種の汚染密度（面積あたりの汚染物資の量・通常はBq／m^2の単位）の推定が目的である。ただしこの結果は物理的な量であり、それが人体に対してどのくらいの被ばく（通常はｍSvの単位）に相当するかは別に評価する必要がある。各々の核種ごとに、たとえば呼吸で体内に取り込んだ核種の量（Bq）あたり何ｍSvの内部被ばくに相当するか、あるいは地表に沈着した核種の濃度（Bq／m^2）の状態で何時間被ばくすると何ｍSvの外部被ばくに相当するか、などの換算係数を用いて最終的に人体に対する被ばくとして評価する。[*7] いくつかの異なる見解があり法定の基準値はないが、いくつかの研究機関による報告を取りまとめたＩＮＳＳの報告などがある。[*8] 全体の表は煩雑なのでここでは省略する。

被ばくの推定結果に影響を与える要因は数多くあり、完璧な条件設定は難しい。①放出が始まる時点で炉内あるいはプールに保有されていた核分裂生成物（ＦＰ）の量、②核反応停止（運転中の場合）から放出が開始するまでの時間と経過、③保有されていたＦＰのうち環境中に放出される割合、④放出の継続時間（短時間なのか長時間にわたるのかの相違）、⑤原子炉建屋の形状や放出高さ、⑥気象条件（風向・風速・大気安定度・降水）・地形条件、⑦放出開始から住民の避難までの時間などにより大きく影響される。②〜⑤は「ソースターム」と呼ばれるが、どの炉から・いつ・どの核種が・どれだけ放出されたかの条件設定である。これは最終的に公衆がどれだけ被ばくしたかの結果に大きく影響するが、それを直接計測する方法はなくシミュレーションによらざるをえない。福島第一原発事故後に東京電力自身のほか多くの研究機関が推計しており、IAEAの資料に収録されているだけでも二〇ケースが報告されている。[*9] たとえば第6章で取り上げる子ども甲状腺がん裁判で争点となっているヨウ素131の放出量の推定では、最小九〇PBq（ペタベクレル）から最大七〇〇PBqまで一桁近くのばらつきがあり、この違いは最終的に公衆の被ばく量とおよそ比例関係にある。これは意図的な過小（あるいは過大）評価というよりも、シミュレーション手法の制約からもたらされるばらつきであるが、シミュレーション結果の利用には注意が必要である。⑤に関してだけでもさまざまな不確定要因がある。福島第一原発事故の爆発現象では、1号機は水平方向の塊状に、3号機は垂直方向に爆煙が広がった。2号機は衝撃音が感知されたが明確な爆発現象は観察されていない。それらの想定によっても結果が異なる。また各々の原発の使用済み燃料の保有量は合計重量程度は公開されているが、各々の使用済み燃料に含まれるFPの組成と量は燃料の使用履歴により異なるので部外者は知ることができない。また使用済み燃料プールには、原子炉本体で運転に使用される燃料よりはるかに多い核分裂生成物が保有されており、もし放出が始まった場合（プールの冷却水喪失など）には原子炉本体よりもリスクが大きい。

シミュレーションモデルとその使い方

一九五〇年代から放射性物質の拡散を推定するシミュレーションモデルが考案され、計画や審査に用いられてきた。実務的に利用されている拡散シミュレーションの計算法には大別して①ガウス・プルームモデル、②流跡線パフモデル、③数値解析（粒子拡散）モデルの三種類がある。[*10] ③はATDM（Atmospheric Transport, Dispersion and Deposition Modelling）と呼ばれることもある。①〜③の順に精緻なモデルであり、コンピュータの計算能力の向上とともに発展してきた。ただし各々の設定条件のうち最も粗い（信頼性が低い）部分によって全体の精度が制約されてしまうので、精緻なモデルだからといって必ずしも現実を確実に再現するとも限らない。この問題は後述する子ども甲状腺がん裁判でも重要な論点となっている。

福島第一原発事故で注目されたSPEEDIは数値解析（粒子拡散）モデルである。二〇一二年に「原子力災害対策指針」が策定されPAZ（五km）・UPZ（三〇km）を設定した際には、ガウス・プルームモデルであるMACCS2（米国で開発）が採用されている。また二〇一四年にUPZに対し屋内退避を原則とする方針に転換した際には、流跡線パフモデルであるOSCAR（国内で開発）が採用されている。一方で単純化したモデルであっても「モデルの単純化で生じる個々の拡散事例の評価誤差のうちで、ランダムな部分が多数の重ね合わせで相殺されることが期待される」[*11]という評価もある。

防災に「事前対策」「緊急時」「事後対策」のステップがあるように、拡散シミュレーションも大別して三つの使い方がある。第一は事前計画（立地時の発電用原子炉施設の安全解析に関する気象指針など[*12]）のため、第二は緊急時の避難支援等のリアルタイム使用、第三は事故後の被ばく管理などである。ただし第三の段階ではすでに汚染大気の飛来はなく、地表等に沈着した放射性物質からの被ばくが中心になる。

福島第一原発事故（以下「福島事故」）を契機に知られるようになったSPEEDIは第二の目的である。また第三の別の側面で、実測値（モニタリングポストなど）をもとに逆計算で発生源の情報（いつ、どこから、どの核種が、どれだけ）を遡って推計する使い方がある。チェルノブイリ原発事故や福島第一原発事故では大規模な放射性物質の放出が実際に起きたことから、シミュレーションとの照合が行われているが、同じ条件設定で計算してもモデルや報告者により結果が異なる。[*13] 放出率の推定の不確実性が三分の一～三倍の範囲とか、[*14] 五分の一～五倍の範囲の範囲内で計算できた地点の割合が約六五％などの報告がある。[*15] すなわち最大と最小では一桁以上の差が生じることもある。あるいは計算値が実測値の一〇分の一～一〇倍に入る割合が七〇％ぐらいに入れば良好とみなせる程度[*16]の信頼性にとどまる。このため単一のシミュレーションモデルの結果のみを絶対値として採用することはできない。この点は後述する「子ども甲状腺がん裁判（第6章）」でも大きな争点となっている。

前述のようにPAZ・UPZを設定した際には米国で開発されたMACCS2というモデルを使用している。[*17] また二〇一四年に「緊急時の被ばく線量及び防護措置の効果の試算について」を公表している。[*18] この資料は「指針」や内閣府の解説でも屋内退避を推奨すべき根拠として引用されている。そこでは発生側の条件として、新規制基準に適合したプラントでの期待値として放出量の想定を福島事故の一〇〇分の一の想定に下げた上で確率的モデルの一種である「OSCAR」[*19][*20]を使用したとしている。このほか内閣府では「原子力災害を想定した避難時間推計　基本的な考え方と手順ガイダンス」[*21]を公表し、UPZでは段階別（方位別）の避難が妥当であると説明している。シミュレーションモデル名は記されていないがガウス・プルームモデルを採用している。[*22] このように、どのような課題に対してどのような拡散シミュレーションを使用すべきか統一された見解や公的な基準はなく、担当者の恣意的な評価に任されているが、「検討例」にすぎないものがあたかも国の基準であるかのように通用しているのが現状である。

緊急時対応でのシミュレーションの利用と制約

福島第一原発事故でも注目されたSPEEDIは、一九八〇年代から開発が始まり、二〇〇五年に運用段階に達していた。その後、長時間・広域のモデルを扱うWSPEEDI、WSPEEDIⅡ等の機能拡張が行われている。もともとSPEEDIは、ベント放出程度の比較的小規模で、人為的に制御が可能な短時間で収束する程度の事故規模を想定していた。大規模な放射性物質の放出により県境を超えて広域に汚染が発生するような事態を想定しておらず、機能・運用ともに福島第一原発事故に際して避難に活用できたかは疑問である。事故時のSPEEDI利用については諸説があり、活用すべきであったとの見解[*23]と、意思決定の判断根拠にはなりえなかったとの見解[*24]が併存している。二〇一四年一〇月八日の原子力規制委員会において、原子力規制庁は緊急時における避難や一時移転等の防護措置の判断にあたってSPEEDIによる計算結果は使用しないとしている[*25]。これは原子力災害対策指針にも反映されている。

「福島原発事故の教訓として、原子力災害発生時に、いつどの程度の放出があるか等を把握すること及び気象予測の持つ不確かさを排除することはいずれも不可能であることから、SPEEDIによる計算結果に基づいて防護措置の判断を行うことは被ばくのリスクを高めかねないとの判断によるものである」としている。一方でシミュレーションの研究者は、不確実性があることを理解した上で予測機能を活用すべきであり、SPEEDIの使用を放棄したことは国の施策として福島事故の時点より後退であると指摘している[*26]。日本学術会議はシミュレーションの積極的活用を提言している[*27]。このようにシミュレーションの利用法に関する評価は議論の途上であり今後の検討課題である。

かりにSPEEDI（その他の移流拡散方程式モデル）によるシミュレーションの結果が提供されていたとしても、それをどのように活用するかについては困難が多い。シミュレーションモデルからの出力は膨大な数字の羅列に過ぎず、それを実際の市町村の現場で活用できる形で提供することには困難が伴う。SPEEDIの資料は後日公開されたが、多数のページにわたる上に「この予測は実際の放射線分布を表しているものではありません」などと専門家以外には解釈不明な注記があり、これだけでは現場での意思決定の資料にはならない。

多数の車両が一斉に移動する現実の避難交通は長時間を要し、ひとたびある方向に動き出せば、状況が変わったからといって避難方向（目的地）を臨機応変に変更することはまず無理である。気象状況が長時間安定していればよいが、実際の気象条件では数時間のうちに風向が逆転することも珍しくない。福島第一原発事故当時の浪江町の事例では、町内の一時避難場所から最終避難場所の二本松市へ避難するのにバスのピストン輸送が必要となり、最終的に三月一五日の一〇時頃から開始して翌日までかかったとされている。浪江町では「SPEEDIの情報が迅速に伝えられていれば無用な被ばくを避けられた」との強い不満が表明されているが、かりに情報に基づいて被ばくの少ない一時避難場所に向かったとしても、何時間後に確実に移動できるという保証がない以上、待機中に気象条件が一変し放射性物質の飛来が多い方位に変わってしまうおそれがある。浪江町は二本松市との自主的協議で全町が同市に移動することとなったが、二本松市（いわゆる中通り）も結果的には空間線量率が高い区域であった。

福島第一原発事故の後、新潟県長岡市における避難訓練でその問題が現実に露呈している。[*28] 市の対策本部は風向きや気象条件を分析し、三方向にある避難所のうち風下側でない避難所に向かって逃げるよう指示した。しかし住民が移動しているうち気象条件が変わりプルームに近づいてしまう結果を招いた。現実の緊急事態では「短時間に避難」の前提が満たされない可能性が高いし、ある地域やグループの住民が避難している最中に次々と別の方向への指示が出るようでは「右往左往」を誘発し、むしろ危険を招くおそれが大きい。

またシミュレーションでは「ある想定量の放射性物質が一定時間にわたり放出される」と仮定されるが、重大事故の場合の放出状況は単純ではない。福島第一原発事故では一週間以上経過してもなお時折り突発的な放出があり、もしこれを拡散シミュレーションに反映させるとすれば、その都度ソースタームを入れ替えて再計算する必要があるが、それは事前にはわからない。事前の検討や事後の被ばく評価には使える可能性があるが、緊急時の避難の指針として利用するには現実的でない。計画的なベント放出程度であればともかく、大きな事象になるほど、次に何が起きるか不確実性（シナリオの枝分かれ）が増すので予測は困難となる。

福島第一原発事故では、1～3号機のうち2号機は明確な爆発現象が観察されなかったにもかかわらず放射性物質の放出が最も多かったと推定される。放出量を直接測定する手段はない（線量等を測定しても量はわからない）が、シミュレーションの応用で間接的に推定された。同事故では数日にわたって各号機から個別に放出開始時刻、放出継続時間、放出高さなどの条件が異なる放出が繰り返された。多くのシナリオを仮定して拡散シミュレーションを行い、その結果を実測されたモニタリングポストのデータと照合して最もよく合致するシナリオを採用することで各号機ごとの放出量を逆に推定した。

ＳＰＥＥＤＩが国内では活用されなかった一方で優先的に在日米軍に提供され、在日米軍や在日米大使館は在日米国人に対して八〇㎞圏外に退避するように指示したとの批判がなされたが、これは疑問である。前述の理由により当時のＳＰＥＥＤＩの情報を提供したとしても役に立たない内容だった。迅速に八〇㎞圏外に退避を指示したのは、もともと米国の原子力防災は本気で核戦争が起きる想定をしていた背景があり、マニュアルが整備されていたためではないか。八〇㎞とは米国単位で切りの良い五〇マイルであり、不確実性が大きいシミュレーションの結果を待つよりも迅速な指示を優先する現実的な判断と考えられる。

簡略化モデルでの評価

単純なガウス・プルームモデルでは、時間的・距離的な延長は好ましくないものの、計算の開始（初期値）にあたって全体的な風向・風速・大気安定度が一点あれば計算可能なのに対して、精緻なモデルでは多数の入力データが必要となる。かりに精緻なモデルを用いても、それを空間的（長距離）・時間的（長時間）に延長した場合の信頼性は期待できない。たとえていえば天気予報が先になるほど的中確率が低下する理由と同じである。緊急事態に際しては諸々の設定条件が妥当かどうか吟味している余裕もない。むしろ緊急事態には、暗算でもできる「距離」÷「風速」＝「到達時間」程度の指標のほうが現実的という指摘もある。*29

事実、福島第一原発事故のテレビ会議の記録（3号機の爆発直後）をみると、当事者の東京電力でさえも「我々もテレビでしかわからない」という現場の発話や、担当者が風向を「南西」すなわち海側と報告していながら直後に正反対の「北東」の誤りと訂正するなど、外部に対して避難の適切な支援となるような情報は提供されなかった。

放出源情報も現場の担当者による粗っぽい「山勘」程度の設定しかできていない。[*30] 各地域の緊急時対応訓練でも、電力事業者の派遣者が原子炉のパラメータ（温度・圧力など）を説明する場面があるが、現場の県・市町村にとっては、それを知っても意味がない。現場にとっては「いつ放射性物質が放出され、どこにどれだけの被ばくが予想されるか」を迅速に知ることが真のニーズである。また避難対象は最小でも町丁目単位であるから、地理的な精度もあまり期待されない。それには精緻なシミュレーションモデルはあまり利用価値がない。

こうした背景から、本書での一連の検討はガウス・プルームモデルを採用している。以前に「瀬尾コード」[*31]として内容が公開されており誰でも利用できる。近似的な方法であるが、前述のように精緻なモデルを適用しても上下一桁の振れがありうることを考慮すれば、比較としてオーダーレベルで合致していれば評価の対象になりうると考えられる。

新潟県では一連の検証委員会を開催しており、前述「技術委員会」でSPEEDIとDYANA（東京電力が開発）を利用したシミュレーションを実施している。[*32] モデルが異なるのでパラメータを厳密に一致させることはできないが、主要な条件をできるだけ類似させてガウス・プルームモデルと結果を比較したところ、実効線量（外部被ばく）や甲状腺等価線量（吸入被ばく）について同等の結果が得られ、単純化したモデルでも、避難範囲の検討の範囲では妥当性があると考えられる。

屋内退避時の被ばく評価

前述のようにUPZは屋内退避を原則とし、モニタリングにより（規制委員会が）区域を特定して避難する方式に変更された。PAZにおいても移動がリスクを高める場合（医療・福祉施設の入所者等）は屋内退避を推奨している。しかし本当に屋内退避のほうが被ばくを低減できるのかは疑問である。**表4―2**は原子力規制庁が試算に採用している遮へい効果（クラウドシャインとグラウンドシャイン・外部被ばく）と密閉効果（プルーム吸入・内部被ばく）である。*33 木造家屋に対しては密閉効果が七五％とされているが遮へい効果は一〇％にとどまる。いずれにしても放射性プルームの通過状況や沈着核種の堆積状況と、それらがいつどれだけ住民の被ばくに影響するかは事故の進展によりさまざまである。また福島第一原発事故後の東海村での実測によると、原子力規制庁による前述の木造家屋で沈着核種に対して六〇％低減は過大評価であり、三二％であるという指摘がある。また規制庁ではコンクリート造（規制庁文書では石造）は同八〇％としているが、実測では同二二％であり木造より効果が低い。これは開口部やガラス面の面積が大きいためと推定している。*34

ここで具体的に屋内退避時の被ばくを試算する。次の**表4―3**に示す被ばく経路が考えられる。①室内に侵入した放射性プルームの吸入、②室内に侵入沈着した核種の再飛散の吸入（内部被ばく）、③室内に侵入した放射性プルームからの照射（以下は外部被ばく）、④室内に沈着した核種からの照射、⑤屋外の放射性プルームからのクラウドシャイン（家屋による低減効果あり）、⑥外部環境中に沈着した核種からのグラウ

表4－2　屋内退避の遮へい効果

防護措置	遮へい効果	密閉効果
木造家屋への退避	•放射性プルームからのγ線等の影響に対して一〇％低減 •周辺環境中の沈着核種からのγ線等の影響に対して六〇％低減	•放射性プルーム中の放射性物質を呼吸により摂取する影響に対して七五％低減
石造りの建物への退避	•放射性プルームからのγ線等の影響に対して四〇％低減 •周辺環境中の沈着核種からのγ線等の影響に対して八〇％低減	•放射性プルーム中の放射性物質を呼吸により摂取する影響に対して九五％低減

表4－3　屋内退避時の被ばく経路

	原因	時期
内部被ばく	①室内に侵入した放射性プルームの吸入	プルーム通過中および通過後換気中
	②室内に沈着した核種の再飛散の吸入	プルーム通過中および通過後も継続
	③室内に侵入した放射性プルームからの照射	プルーム通過中および通過後換気中
外部被ばく	④室内に沈着した核種からの照射	プルーム通過中および通過後も継続
	⑤屋外の放射性プルームからの照射（家屋による減衰効果あり）	プルーム通過中
	⑥外部環境中に沈着した核種からの照射（家屋による減衰効果あり）	プルーム通過中および通過後も継続

ンドシャイン（家屋による低減効果あり）が考えられる。ことに沈着核種からの照射は、核種により時間減衰効果はあるものの滞在時間に応じて累積してゆく。半減期の長い核種では侵入時に壁などで捕捉された粒子や室内に沈着した粒子から照射を受け続けることになる。またもう一つ注意すべき要因として、屋外の地面等に沈着した粒子からの照射は建物の遮へい効果で低減される一方で、室内に侵入沈着した粒子からの照射は至近距離で遮へいなく被ばくすることである。室内の清掃（除染）が望ましいが、その作業のためにさらに被ばくする可能性もある。

屋内退避時の室内に侵入する汚染大気による被ばくは「自然換気率」と「浸透率」により影響される。一般家屋は窓を閉めていても完全密閉ではないため外気の出入りがあり、「自然換気率」とは何時間で外気と入れ替わるかの指標である。築年数の長短や、戸建か集合かの構造の差があり、また外部風速とほぼ比例関係にある。[*35] 完全に外気を遮断するには陽圧循環設備（室内を多少加圧して外気の侵入を防ぎ、外気の取入れはフィルターを通して行う）を設けなければならないが一般家屋に対しては現実的でない。通常の家屋の「自然換気率」は、戸建住宅の自然換気率は一・〇（時間の逆数、すなわち一時間で外気と入れ替わる）、集合住宅では〇・三（約三・三時間で外気と入れ替わる）とされる。住宅・土地統計調査[*36]を参照すると、原発立地地域では経年の高い日本家屋が多いので本試算では自然換気率を一・〇と仮定した。また「浸透率」は屋内に侵入する外気中に浮遊する放射性物質の粒子のうち室内に到達する割合である。外気が壁や窓のすき間を通過する際に、フィルターのように浮遊粒子の一部が捕捉され低減効果がある。ただしガス状物質に対しては効果はない。浸透率は自然換気率とある程度の相関がある一方で、放射性物質の粒径や家屋形態との相関はみられないとされる。いくつかの実験により換気率と浸透率の相関が推定されている。室内での沈着率はガス状では〇、粒子状では〇・一〜一・〇（時間の逆数）とされており幅がある。[*37] また室内に沈着した粒子の再飛散に関して、屋外での再飛散係数の報告例はあるが[*38]室内での係数は見いだせなかったためここでは計算から除外する。

　プルームの通過中は汚染大気がしだいに屋内に進入して室内の汚染濃度が上がってゆくが、プルーム通過後は逆に自然換気により汚染濃度が下がってゆく。**図4―2**は、PWR（加圧水型）一一八万kW級の原発で、セシウムにして約一%が環境中に漏洩するパターン[*39]の想定のとき、放出源から一〇㎞の位置にいたとして、プルームが到達から四時間継続するとして、沈着のない希ガス（例・キセノン133）と、沈着のある粒子状物質（ヨウ素131、元素記号I）を例として室内の汚染物質濃度（Bq／㎥）の時間的な経過を示す。外部プルーム到来（図の黒太線）とともに換気率に応じて室内への侵入が始まり室内濃度が上昇し、外部プルームの通過が終わると自然換気により室内濃度が低下してゆく。外部プルームの濃度は、実際には図のような単純な矩形（パルス状）ではなく前後に分布を持つと思われるがここでは矩形と仮定した。

図4－2　室内外の核種濃度変化

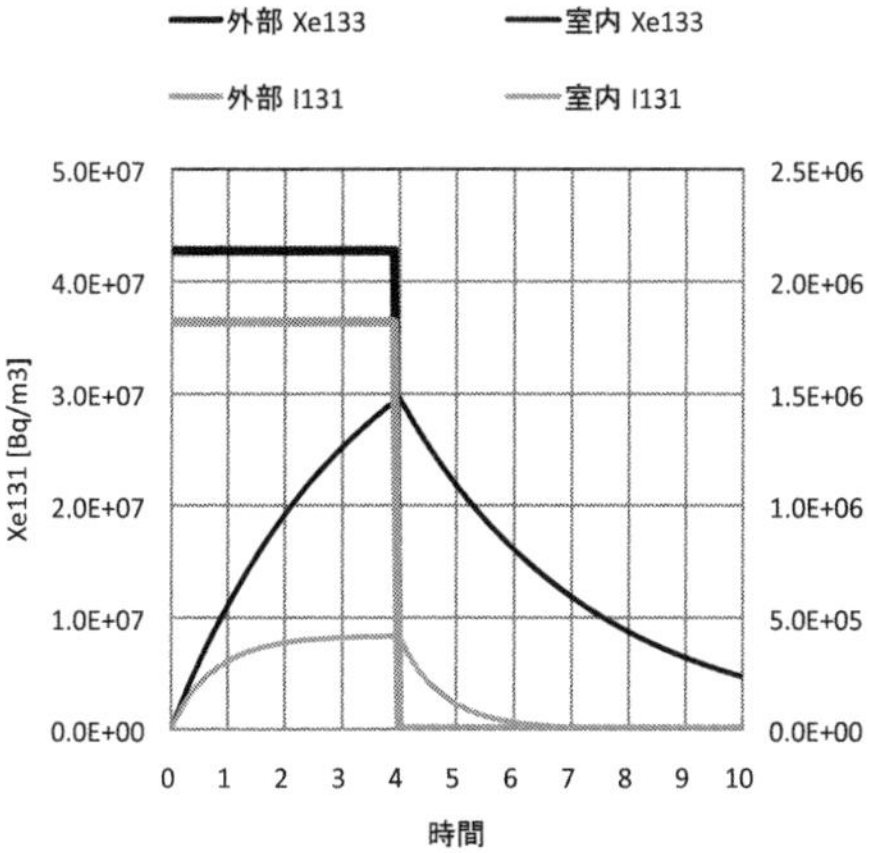

　プルームが去って室内濃度より屋外大気濃度が低くな

図4－3　累積被ばく量の比較

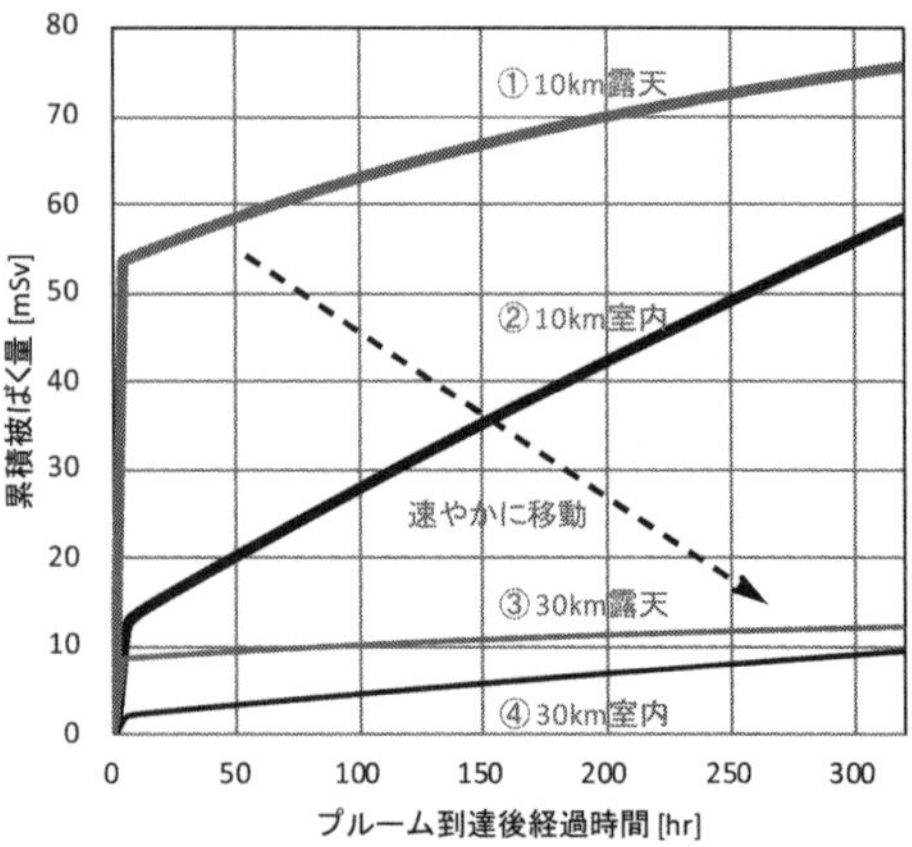

れば、理論的には意図的な換気（窓を開ける等）により室内濃度を早く下げられる可能性がある。しかしそれには、いつ換気をすればよいか（屋外の放射性物質の濃度を知ることができるか）、換気中に再度プルームが到来しないか等の情報が必要であるが、そのような情報を提供する体制はない。[*40]また窓を開ける等の行動は換気には有効だが、屋外に沈着した核種からのグラウンドシャインを直接受け、あるいは土埃の舞い込みを増す影響もあるので評価は簡単ではない。

屋内退避と早期避難

前述のように、UPZ（五〜三〇km圏）では原子力緊急事態に際しては屋内退避を原則とし、その後にモニタリングに応じて避難を開始するとされている。しかし単純な疑問として、UPZでも発生源に比較的近い場合は、一時的に露天に出ても早急に移動したほうが、総合的に被ばくを避けられるのではないか。前述の想定で放出源から一〇kmの位置にいたとして、前述①〜⑥の経路（②の室内沈着核種の再飛散吸入は不明のため除外）で累積被ばく量を推計した。**図4－3**はプルーム到来から一四日間について、一〇km地点と三〇km地点について、室内と露天の累積被ばく量を推定したものである。①と②あるいは③と④を比較すると、同一地点では露天よりも屋内退避のほうが被ばくを低減できることは当然であるが、滞在時間に応じて累積の被ばく量は増加してゆく。これは、プルーム通過時には建物による遮へい効果（外部被ばく）と密閉効果（内部被ばく）により被ばくの低減が期待できるが、その後は屋外の環境中に沈着した核種からの照射と、プルーム侵入時に壁などで捕捉された粒子や室内に沈着した粒子からの照射を受け続けるために、滞在時間に応じて累積被ばく量が増加してゆくためである。*41 このため矢印破線のように、一〇㎞地点では移動中に露天状態を経過するとしても、発生源から遠方に速やかに移動したほうが総合的に被ばくを低減できる可能性がある。過去の強い地震での家屋の損傷をみると、構造体が倒壊しないまでも日本家屋では瓦が落下してブルーシートで覆うなどの状態に至る。このような状態で降水があれば建物表面に沈着した放射性物質が屋内に侵入することとなり屋外のグラウンドシャインと同等になりかねない。いずれにしても、一〇㎞地点では累積被ばく量が五〇mSvを大きく超え、三〇㎞地点でも一〇mSvの被ばくはとうてい許容できるものではない。

注

1 産業技術総合研究所ウェブサイト「風に乗って長い距離を運ばれる放射性セシウムの存在形態」二〇一二年七月。https://www.aist.go.jp/aist_j/new_research/nr20120731/nr20120731.html
2 井戸川克隆・佐藤聡『なぜわたしは町民を埼玉に避難させたのか』駒草出版、二〇一五年、四二頁。
3 実際には各種資料の模式図で示されるような球形ではなく、概念的に仮定される計算上の直径である。
4 矢ヶ﨑克馬・守田敏也『内部被曝』岩波ブックレット№八三二、二〇一二年三月。
5 森口祐一「福島第一原子力発電所事故の影響―汚染状況と対応、今後の課題―」『エネルギー・資源』三三五

巻二号、二〇一四、四頁。原報　森口祐一「放射性物質汚染の現状把握と除染」『環境情報科学』四一巻一号、四三頁、二〇一二年。

6 西本由美子（特定非営利活動法人ハッピーロードネット理事長）「正しい情報による風評被害の払しょくと福島浜通りの創生」『日本原子力学会誌』五八巻一号、二〇一六年、五頁。

7 さまざまな表記があるが単位換算すれば同じ。

8 INSS JOURNAL Vol．23 2016 NT-9「運用上の介入レベルに基づく被ばく線量計算手法の検討―計算式および線量換算係数等の整備―の付録　外部被ばく線量換算係数」 http://www.inss.co.jp/wp-content/uploads/2017/03/2016_23J101_129.pdf

9 IAEA "The Fukushima Daiichi Accident Technical Volume 1 Description And Context Of The Accident", 2015, p.151. https://www-pub.iaea.org/MTCD/Publications/PDF/AdditionalVolumes/P1710/Pub1710-TV1-Web.pdf

10 日本原子力研究開発機構「原子力防災における大気拡散モデルの利用に関する考察」二〇二一年一一月。https://jopss.jaea.go.jp/pdfdata/JAEA-Review-2021-021.pdf

11 山澤弘実「大気拡散計算の役割と制約」『日本原子力学会誌』五五巻一二号、二〇一三年、七〇七頁。

12 原子力委員会「発電用原子炉施設の安全解析に関する気象指針」　http://www.aec.go.jp/jicst/NC/about/hakusho/wp1977/ss1010107.htm

13 「平成二七年度第三回　新潟県原子力発電所の安全管理に関する技術委員会」資料、二〇一五年一二月一六日。公益財団法人原子力安全技術センター「ＳＰＥＥＤＩとＤＩＡＮＡの比較」二〇一五年十二月六日。https://www.pref.niigata.lg.jp/uploaded/attachment/35079.pdf

14 永井晴康「被ばく線量評価のための大気拡散シミュレーション　福島第一原子力発電所事故初期段階におけ

る大気中放射性物質濃度分布の再構築」『日本原子力学会誌』五五巻一二号、二〇一三年、七一二頁。
15 H. Terada and M. Chino: "Improvement of Worldwide Version of System for Prediction of Environmental Emergency Dose Information (WSPEEDI), (II); Evaluation of Numerical Models by 137Cs Deposition due to the Chernobyl Nuclear Accident", Journal of Nuclear Science and Technology, Vol.42, No.7, pp.651-660 (2005).
16 茨城県「令和四年度空間線量率等評価結果に係る検証委員会」第三回議事録、二〇二三年二月一六日、二〇頁。https://www.pref.ibaraki.jp/bousaikiki/genshi/kikaku/documents/10_3gizi.pdf
17 H-N Jow, J. L. Sprung, J. A. Rollstin, L. T. Ritchie and D. I. Chanin: "MELCOR Accident Consequence Code System (MACCS): Model Description", NUREG/CR-4691,SAND86-1562, Vol. 1 (1990). https://www.nrc.gov/docs/ML0635/ML063560409.pdf D. Chanin and ML. Young: "Code Manual for MACCS2: User's Guide", NUREG/CR-6613,Vol.1, SAND97-0594 (1998). https://www.nrc.gov/docs/ML1233/ML12334A766.pdf
18 原子力規制委員会「緊急時の被ばく線量及び防護措置の効果の試算について」二〇一四年五月二八日。https://www.nra.go.jp/data/000390844.pdf
19 本間俊充・石川淳・富田賢一・村松健「軽水炉モデルプラントの広範な事故シナリオに対する環境影響評価」JAERI-Research 2000-060 (2000), 80p.
20 日本原子力研究開発機構安全研究センター「ＯＳＣＡＡＲコードパッケージの使用マニュアル」二〇二〇年三月。https://jopss.jaea.go.jp/pdfdata/JAEA-Testing-2020-001.pdf
21 内閣府「原子力災害を想定した避難時間推計基本的な考え方と手順ガイダンス」二〇一六年四月。https://www8.cao.go.jp/genshiryoku_bousai/pdf/02_ete_guidance.pdf

22　日本原子力研究所「排気筒から放出される放射性雲の等濃度分布図および放射性雲からの等空気カーマ率分布図（JAERI-Data/Code 2004-010　https://jopss.jaea.go.jp/pdfdata/JAERI-Data-Code-2004-010.pdf
23　原子力災害対策本部：「原子力安全に関するＩＡＥＡ閣僚会議に対する日本国政府の報告書―東京電力福島原子力発電所の事故について―」二〇一一年六月。https://www.kantei.go.jp/jp/topics/2011/pdf/houkokusyo_full.pdf
24　衆議院調査局経済産業調査室「福島第一原発事故と四つの事故調査委員会」『調査と情報』第七五六号、二〇一二年八月二三日。http://doi.org/10.11501/3526040
25　原子力規制庁「緊急時迅速放射能影響予測ネットワークシステム（ＳＰＥＥＤＩ）の運用について」https://www.nsr.go.jp/data/000027740.pdf
26　原子力災害時の避難方法に関する検証委員会「第一四回新潟県原子力災害時の避難方法に関する検証委員会議事録」二〇二〇年一一月一六日、三六頁。
27　日本学術会議地球惑星科学委員会「より強靭な原子力災害対策に向けたアカデミアからの提案―放射性物質拡散予測の積極的な利活用を推進すべき時期に来たと考えます」二〇二三年九月。https://www.scj.go.jp/ja/info/kohyo/pdf/kohyo-25-k230926-17.pdf
28　http://www3.nhk.or.jp/news/html/20131013/k10015251261000.html
29　林祥介ほか「大気中の物質拡散入門　原子力発電所からの放射性物質拡散を念頭に」https://www.gfd-dennou.org/library/kakusan/kakusan_110921.pdf
30　福島原発事故記録チーム編『福島原発事故　東電テレビ会議四九時間の記録』岩波書店、二〇一三年九月、二六六頁。
31　小出裕章・瀬尾健「原子力施設の破局事故についての災害評価手法」「京都大学原子炉実験所原子力安全研

究グループ・原子力安全問題ゼミ」一九九七年八月二九日。http://www.rri.kyoto-u.ac.jp/NSRG/seminar/No68/kid9708.html
32 新潟県「平成二七年度第三回 新潟県原子力発電所の安全管理に関する技術委員会」資料「放射性物質拡散シミュレーション結果」二〇一五年一二月一六日。
33 原子力規制庁「原子力災害時の事前対策における参考レベルについて（第四回）資料六」https://www.da.nsr.go.jp/file/NR000056048/000245214.pdf
34 東海第二原発地域科学者・技術者の会「東海第二原発差止訴訟団「屋内退避の有効性を左右する被ばく低減係数に係わる質問書を提出」。http://www.t2hairo.net/sankou/kagakushanokai/230428shitsumon.html
35 廣内淳「屋内退避による被ばく低減効果の評価」日本原子力研究開発機構・平成二九年度安全研究センター報告会、二〇一七年一一月二九日。
36 総務省統計局「住宅・土地統計調査・住宅及び世帯に関する基本集計」各年版。
37 前出 廣内淳「屋内退避による被ばく低減効果の評価」
38 北和之ほか「大気中への再飛散等による放射性セシウムの移行状況調査」日本原子力開発機構。https://fukushima.jaea.go.jp/fukushima/try/pdf/pdf06/2-1.pdf
39 Reactor Safety Study: NUREG-75/014(WASH-1400), AppendixVI, p.3.3 の〝ＰＷＲ５〟パターン。
40 山澤弘実「屋内退避に期待する効果とそのための要件」第六回新潟県原子力災害時の避難方法に関する検証委員会・委員提出資料、二〇一九年六月四日。
41 上岡直見「原子力防災の課題〜都市・交通・住宅の側面から」二〇二三年度日本建築学会大会（近畿）地球環境部門研究協議会資料「原発事故による長期的放射能影響への対策のための建築学会提言案」二〇二三年九月一四日。

5 緊急時対応の困難性

緊急時の最前線に立つ自治体

自治体職員の立場から福島第一原発事故とその後の記録がある。[*1] 住民はどうしても目の前の自治体職員に不満をぶつけるが、原発の緊急事態は地震・津波など大規模な自然災害から派生する可能性が高いため、職員自身やその家族も被災者となり、それらを後回しにして住民の対応にあたる立場になる。「役場から避難するときになって、東電の連絡員がファイルで鼻と口を隠しながら外に出てきたので、こいつら放射能汚染を隠していたなとハッと気づいた。普通わざわざそんなことをする人はいない。［中略］自分たちも避難しようと車に乗った直後に原発の爆発音が聞こえた」と緊迫した状況が記述されている。

「あんまり人前ではいえない話だが、原発に勤めていた人がいて、「俺はこんなになって避難してきているのに町は何をしているのか」というから「ふざけんな。おまえらがやった仕事だ」と怒鳴ったこともある」と率直な記述もある。[*2] とはいえ「原発に勤めていた」といっても地域の人々は原発の中枢部分への関与は薄いのではないだろうか。その人たちには事故の責任はないし、逆に原発に勤めていたからといってなぜ肩身の狭い思いをするのかと思うかもしれない。福島原発事故は地域のすべての人に被害を及ぼした。福島に「原子力災害伝承館」なる施設ができたが、同書では「検証なき伝承は無意味」と批判している。避難に関する情報が住民に伝えられなかったことに関して意図的な隠蔽と推測する説もあるが、情報がどこへどう渡され、どのように処理されたのか当事者でなければわからない現場での実態の貴重な記録もある。オフサイトセンターに駆けつけたが真っ暗で誰もいなかったなど、困惑と切迫した状況が伝わってくる。

避難の困難性

緊急時対応の主要部分である「避難」は重要なテーマである。避難に関するさまざまな困難性については**表5－1**に示すように多岐にわたるが、このうち多くは前著で触れており、各地域の緊急時対応においてその後に特段の変化がみられない事項については省略する。ここでは、前著以降の新たな情報、住民の視点によるチェック、各地域の緊急時対応のさらなる検討、各地域の訴訟を通じて浮上した問題等について述べる。またいずれの地域でも共通の課題であるはずなのに取り上げられていない事項もある。また筆者は新潟県の避難委員会（第7章参照）に参加し、最終報告書では四五六点の指摘事項が列挙された。[*3] これらを個別に取り上げることはできないが、議論の過程で他地域の緊急時対応では看過されている問題もある。項目としては、①情報伝達の困難性、②安定ヨウ素剤配布の破綻、③避難経路の支障、④避難退域時検査場所の困難性、⑤生理的支障、⑥避難者の総合的な被ばく推定について取り上げる。

表5−1　避難の困難性

避難の各段階	予想される問題点
避難に必要な情報の発信について	事業者（発電所）から適時・適切な情報が提供されるか。それを住民に迅速に周知する方法はあるか。
住民側からの情報の取得	適時・適切に情報を取得することは可能か。
避難準備について	福島原発事故の経験より避難は長期に及ぶことが認識される中、避難準備にどのくらい時間が必要か。
ヨウ素剤配布・服用の非現実性	事前配布（ＰＡＺ）の場合、いつ服用すべきかどのように住民伝達されるのか。緊急配布（ＵＰＺ）の場合、多数の対象者に現実に配布できるのか。
屋内退避の困難性	事故の進展によっては、いつプルームの放出が収まるかは不明であるが、いつ動き出せばよいかを誰がどのように判断し、住民に周知するのか。また地震・津波等の状況によっては屋内退避そのものが困難。
屋内退避による被ばく	露天よりは被ばくが多少低減できるものの、家屋の状況によっては低減効果が減少し、滞在期間によっては屋内退避の意味がない。
一時集合場所（集団避難）	自家用車が使用できない避難者はいったん一時集合場所に向かうことになるが、そこまでどのように到達できるのか。
バス（集団避難）	バスの車両・乗務員が適時・適切に手配できるのか。
自宅から一時集合場所	自家用車が使用できないのであるから徒歩等によるが、その間は露天を移動することになり、その場合の被ばくはどうなるか
自宅から避難ルートまで（地域内道路）	複合災害の場合、道路の物理的損傷、電柱や家屋の倒壊等でそもそも避難ルートまで到達できない。

児童・生徒引渡し	原則として保護者に引き渡すとされているが、保護者が迅速に迎えに来られる位置に所在しているとは限らない。児童・生徒が一部残存することは避けられず集団輸送も用意せざるをえない。
避難経路の通行支障	過去の災害の例では多数の箇所で道路の通行支障が発生している。
避難経路での渋滞	渋滞が発生することは明らかであり多大な時間がかかる。また複合災害の場合、経路そのものが被災して通行に支障が生ずる可能性がある。
避難経路での生理的支障	経路上での休憩（仮眠）・食糧・水・トイレ等の問題が考慮されていない。
避難退域時検査場所における問題	検査場所の開設自体が困難である。検査そのものに多大な時間がかかり待機場所等も不足している。生理的支障については前項と同じ問題がある。
燃料の制約	楽観的な仮定を設けても地域で供給可能な燃料は所要量の半分程度しかない。複合災害時には給油所自体が機能しない可能性。
「段階的避難」の非現実性	緊急事態が宣言されれば、現実に段階的避難は期待できない。
一時集結所・避難退域時検査場所・避難経由所・避難所自体の危険性	一時集結所・避難退域時検査場所・避難経由所・避難所自体が自然災害時の危険箇所にあるなど、緊急時に機能しない可能性がある。放射線防護施設でない場合がある。避難所の環境が劣悪であることが予想され二次被害の可能性がある。
避難時間シミュレーションの制約と不確実性	避難時間シミュレーションは時間については推計しているが被ばくとの関連性は検討されていない。またシミュレーション自体に多くの制約があり、避難時間そのものに信頼性はない。ケース間での相対的な影響比較に留まる。
要支援者と集団輸送体制の問題点	自力で避難できない災害時要支援者の移動には多大な時間を要する。車両・要員とも絶対的に不足している。
ヘリ等による避難の困難性	局部的には可能だが輸送能力は限定的であり住民全員が安全に避難できる可能性は乏しい。

人的リソースの不足	避難所設営・誘導・バス添乗等に必要な自治体職員の数は絶対的に不足している。ことに複合災害時は対応不可能。
避難経由所方式の問題点	避難退域時検査場所以上に時間がかかる。
緊急時防護業務従事者の被ばく	避難退域時検査場所等で業務に従事する自治体職員等の被ばくに対する考慮がない。
受入市町村の負担	ケースによっては受入市町村の通常人口の七〜八割の避難者を受入れなければならないケースがある。大規模災害時には受入市町村でも被害が生じていることも考えられ、受入市町村側に多大な負担を与える。
総合的な被ばく量（最終避難所での滞在を除く）	ひとたび避難または一時移転が必要となる事態が発生すれば、避難あるいは一時移転したとしても被ばくは一般公衆の許容限度に収まらないことが推定される。

不確実な情報伝達体制

各地域で緊急時対応（避難計画や安定ヨウ素剤配布計画）が機能するためには、その前提として住民に対して適時・適切な情報提供がなされなければならない。自然災害でも原子力災害でも、道府県・市町村の首長や職員が実施すべき業務には共通した部分（情報の伝達・避難誘導・避難所の開設と運営・安否確認など）が多いが、原子力災害の特徴として、自然災害にはない複雑な要因が加わる一方で、情報の流れが整理されていない。

東京電力柏崎刈羽原子力発電所では、二〇一九年六月一九日に発生した山形県沖地震に関連して、原子炉は停止中であるものの立地自治体にファクスで誤報を送達するトラブルが発生している[*4]。福島原発事故を経て情報伝達体制の改善や訓練が行われているとしながらもこのような初動段階のトラブルが発生するようでは、適時・適切な情報提供が行われるのか疑問である。

本来の手続きとして「原子力緊急事態」の宣言は、事業者からの通報を受けて原子力規制委員会が内閣総理大臣に対して報告と案の提出を行い、これに基づいて内閣総理大臣が発出する（「原災法」第一五条）。同時に内閣総理大臣は緊急事態応急対策を実施すべき区域を公示する。ただし実際の住民に対する避難（あるいは状況により屋内退避）の指示や、避難場所の指定等は市町村長の責務（「原災法」第十五条および「災対法」読み替え第六十条）であって、国や道府県が住民に直接指示する枠組みはない。

一方で内閣府の資料[*5]によると「Q&A」のうち「避難指示は、どのように伝えられるのですか」によると、国の原子力災害対策本部から緊急事態宣言を発し、避難指示は国から関係道府県・市町村に伝達される。関係道府県・市町村は、防災行政無線、広報車などで住民に伝達する。また国はマスメディア、インターネットを通じて伝達するとされている。しかし内閣府の説明では参考写真が列挙されているだけで全く具体性がない。住民の立場からみれば、どこからどのような指示が来るのか、また時間的順序もその時の状況によって予測しがたいし、互いに矛盾した情報が届く可能性もある。インターネットによる情報提供は誤報など不安定な要素が解消できない[*6]。

福島原発事故の記録では、情報を受け取る自治体の側でも、地震・津波との複合災害であったため、それらに関する多数のファクス（各種の通信手段が機能を失う中で固定電話回線のファクスだけが使用可能であった）が集中し、原発に関する情報も送信されていたにもかかわらず多数のファクスの中に埋没していたことが事後に発見された[*7]。また被ばく防止のため屋内退避で窓を閉めていたところ広報車による放送が聞こえなかったとの経験も報告されている。[*8] 筆者が各地の緊急時対応を調査したかぎり、いずれの地域においても、これらの懸念に対する対策が具体的に講じられているとは思われない。

住民が求める情報と自治体が指示する情報の乖離

原子力防災訓練の際にエリアメールで配信された新潟県柏崎刈羽地域の柏崎市防災担当課からのメッセージの例を示す。[*9] 同市内ではＰＡＺとＵＰＺが混在しているため、それぞれ避難行動が異なる。「こちらは柏崎市です。原子力発電所の事故は全面緊急事態となりました。現在、放射性物質は外部へ漏れていません。発電所から五㎞圏内のＰＡＺの方は避難及び安定ヨウ素剤服用の指示が出ましたので、安定ヨウ素剤を服用し、自家用車等で避難を開始して下さい。自家用車で避難ができない方はバス避難集合場所に集合して下さい。その他の市内全ての地区の方は屋内退避を開始してください」という文言である。

この文章は「原子力災害対策指針」の緊急事態区分に対応した文面であろうが、住民の感覚として「全面緊急事態となったが、放射性物質は漏れていない」では何が危険なのかわからない。また市内でＰＡＺ区域は「自家用車等で避難を開始して下さい」というが、このメッセージだけで数十㎞も離れた避難先に向かって躊躇なく動き出せるとは思われない。

また「自家用車等で」というが、自家用車を利用できない住民はどのように行動すればよいのかもわからない。受入先の避難所が開設されているのかも不明であるし、避難退域時検査（スクリーニングポイント）についても何も情報が提供されていない。むしろ住民から担当課への問合せが殺到して収拾がつかなくなるだろう。

このエリアメールではＵＰＺに対しては屋内退避の指示しかないが、放射性物質の放出があれば、その後の緊急時モニタリングの結果により「区域を特定して」避難指示あるいは一時移転指示が発出される。これは緊急時モニタリングの結果に基づいて国（原子力規制庁）が対象となる区域を道府県・市町村に指示し、実際の避難指示は市町村長が発出する。法的な手順でいえば、国（規制委員会）から住民に対して直接避難指示が発出されることはないが、前述の内閣府資料では国からマスメディア、インターネットを通じて直接伝達されるかのような記述もあり、曖昧かつ無責任である。また安定ヨウ素剤の服用については本章の別項で記述するが、原子力規制委員会がその必要性を「判断」し、道府県・市町村が服用指示を発出するとされている。ＰＡＺに対しては薬剤は事前配布で服用指示の伝達、ＵＰＺに対しては緊急時配布と服用指示とされているが、限られた道府県・市町村の職員で、かつ放射性物質放出後の状況下でどのように配布できるのか困難が多い。いずれにしても後述するように安定ヨウ素剤の配布手順そのものが破綻している。

愛媛県（伊方地域）の事例で、原子力災害時の情報伝達について実務担当者の重要な指摘がある。[*10] 同県では「愛媛県原子力情報アプリ（スマートフォン用）」が提供されている。アプリでは県内・周辺県の放射線量モニタリング測定値や伊方発電所のトラブル情報がリアルタイムで取得でき、緊急時の「お知らせ」の機能もあるが、住民にとってそれを知ったからといってどのように利用できるのか不明である。同報告では、アプリは有益な広報チャンネルではあるが、情報が大量で複雑に交じり合い、情報の取捨選択は利用者に任されてしまうこと、大量の情報を多数のメディアを通じて住民に一斉に頒布すれば、いかに内容が正確で迅速な情報提供であっても住民の間に混乱が起こることは必至であるとしている。

さらに「住民が求める情報」と「行政から指示する情報」が対応しない不整合が指摘されている。住民が求める情報は、避難経路は通行が可能か、どこに行けばよいのか、現在地から避難所までの最短ルート、放射性物質は迫ってきていないか、ヨウ素剤を飲むタイミングはいつか（ヨウ素剤がない場合はどうするか）、要支援者への車の迎えはいつ来るのか、家族の安否はどうか、どこに避難したのか、屋内退避から避難のタイミングはいつか、避難場所までの道路の渋滞状況などである。

これに対して県から指示する情報では、項目としては、要支援者避難準備開始、児童の保護者引き渡し、要支援者避難開始、要支援者放射線防護施設へ避難、学校、保育所避難開始などがあるが、大まかに分けても一八パターンの情報が発生し、状況によってはさらに複雑な枝分かれが発生する。またこれらは「指針」に従って「警戒事態」→「施設敷地緊急事態」→「全面緊急事態」の時系列で発信されることを想定しているが、住民はそのような手順を熟知しているわけではなく、どのような状況に対応した行動なのかわからない可能性が高い。

このように実務担当者から重要な問題点が指摘されているにもかかわらず、同県の広域避難計画あるいは緊急時対応では「検討項目の列挙」が反復されるだけで一向に進展がない。このような状態では緊急事態に際して適切な情報提供がなされるとはとうてい考えられない。これは例示した伊方地域にかぎらず、いずれの地域にも共通に存在する問題と思われる。近年はしばしばスマートフォンのアプリが安易に導入されるが、大元の情報が整理されていなければ混乱を作り出すだけである。

安定ヨウ素剤配布の破綻

防護措置の一つとして「安定ヨウ素剤の服用」がある。原子力規制庁「安定ヨウ素剤の配布・服用に当たって[*11]（令和三年七月二一日改正）では次のように記述されている。

放射性ヨウ素にばく露される二四時間前からばく露後二時間までの間に安定ヨウ素剤を服用することにより、放射性ヨウ素の甲状腺への集積の九〇％以上を抑制することができる。また、既に放射性ヨウ素にばく露された後であっても、ばく露後八時間であれば、約四〇％の抑制効果が期待できる。しかし、ばく露後一六時間以降であればその効果はほとんどないと報告されている。

しかしごく基本的な疑問として「ばく露される二四時間前」をどのように知ることができるのだろうか。同資料によれば、ＰＡＺでは事前配布しておき全面緊急事態に至った場合には避難の際に服用するとされている。ＵＰＺでは屋内退避を実施した後、原子力規制委員会が配布及び服用の必要性を判断し、その判断に基づき指示するとされている。また地域によってはＵＰＺも事前配布を検討・実施しているケースもある。ところが原子力規制庁は「緊急時にプルーム通過時の防護措置が必要な範囲や実施すべきタイミングを正確に把握することはできず[*12]」としており、これでは「二四時間前の服用指示」がそもそも不可能であり、かりに服用指示が発出されたとしても、最大でもばく露後八時間の有効時間内に間に合うとも限らず、根本から計画が破綻している。これは、安定ヨウ素剤の配布がもともと人為的に管理できるベント程度の事象で、しかも事象の進展が確実に予測できてシナリオの枝分かれがなく、時間的余裕があるという限定された想定しかしていないことによる。

空間線量率（毎時○○μSv等）はリアルタイムで測定値が得られるが、ヨウ素についてはサンプルの現物を持ち帰り測定する必要があるためリアルタイムでは結果が得られない。新潟県避難検証委員会での原子力規制庁および内閣府に対するヒアリングの際には「最低でも一日か二日かかります」[*13]「モニタリングポストの運用とともに、事故の進展や風向きなどを見ながらヨウ素サンプルの測定値を確認し、放射性物質の浮遊の状況等様々な状況も見極めた上で対応する」「そのため、タイミングは容易には示せない」との見解が示された[*14]。

また専門家の指摘によると「現状の防災スキームで弱い点として、内部被ばくに対する防護が極めて弱いのではないかという気がしています。先ほどのモニタリングで大気中に放射性物質があるかどうかが分かるということになっていますけれども、分かった段階では、もうすでに被ばくをしているという状況になっています」「県［注・他県の例］から国に聞いていただいた結果として、現時点では緊急時の防護判断のための情報として位置付けていないという回答であったと聞いています。極めて残念です。ハードウェアは準備したのだけれども、そこで測られた値をだれがどう判断に利用するのかということが決まっていないのが現状だというように私は理解しました」と指摘されている[*15]。

これでは服用のタイミングを判断・指示すること自体が手順として不可能である。放射性ヨウ素の放出がいつ始まるかは事故の進展に依存するため予測不可能である上に、個々の避難者にとってはいつ受け取り場所に到着するのかも不確定である。また安定ヨウ素剤は単に配布するだけでなく配布時に説明が必要であり「安定ヨウ素剤配布責任者」の配置が求められる。責任者は通常の医療従事者のほか保健福祉事務所等に勤務する薬剤師・獣医師等が想定されるが、これらの配員も不明である。こうした実務的な制約を別としても「緊急時対応」の記述では安定ヨウ素剤を配布する手順自体がそもそも成立しない。

避難所等の危険性

原子力緊急事態は地震・津波など大規模な自然災害に起因して発生する可能性が高い以上、緊急時対策もそれを前提としなければならない。避難時に必要な一時集合場所・退域検査場所候補箇所・最終避難施設等の関連施設自体が地震・津波により被災する可能性がある。

津波に関しては、実際の到達・波高にかかわらず津波警報・注意報が発出されていれば津波浸水想定区域の避難所を使用することはできない。そもそも「指針」に規定された「警戒事態」の発出条件の一つに「当該原子力事業所所在市町村沿岸を含む津波予報区において、大津波警報が発表された場合」が規定されている。

またどの屋内退避施設が利用可能で、かつそこまでの経路の道路支障がないか等について住民が俯瞰的に情報を把握しているわけではないし、対応が無数に枝分かれして住民がさまざまな場所に分散し、ますます収拾のつかない混乱を招くことは不可避である。あるいは放射線防護設備が設置されている施設について、国は「人の生命又は身体に危険が及ぶおそれがないと認められる土地の区域に立地すること」を基

図5－1　避難施設と被災可能性

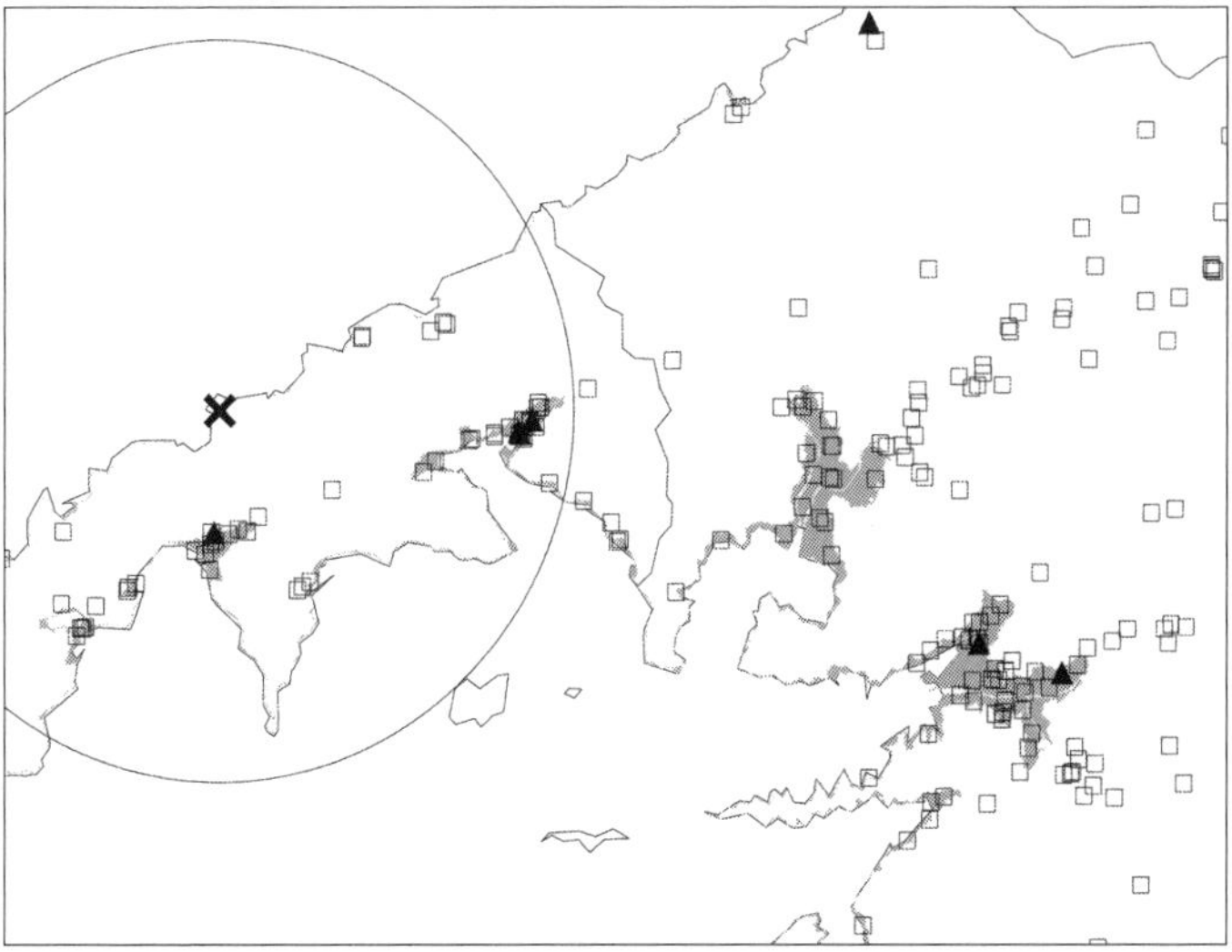

準としているところ、二〇一八年六月現在、全国二五七施設のうち六九施設がその基準を満たしていなかった。[*16] 図5－1は伊方地域を例に、□は一般の避難施設、▲は放射線防護設備を示す。ことに放射線防護施設の大半が津波浸水想定区域（グレー）に立地している。

避難経路の通行支障

武装勢力侵入や航空機衝突などを除けば、地震・津波など大規模自然災害に起因して発生する可能性が高く、実際に避難が必要になった場合に道路の損傷によって予定された避難経路の通行支障が発生する。ことに自動車での移動では、自宅から最終避難所までの経路のうち一箇所でも通行支障箇所があれば経路全体が利用できない結果をもたらす。東日本大震災での状況を考えれば、一般に整備状況が良好と考えられる国道・主要地方道であっても通行支障が発生する。

東日本大震災における被害実態から道路延長あたりの被害箇所数（原単位）が得られており、たとえば直轄国道については震度五強で〇・一一箇所／km、震度六強で〇・一七箇所／kmなどとされている。[*17] たとえば東海第二を例にとると、原発周辺および避難先までの範囲では合計延長約六八〇〇kmの国道・主要地方道（高速道路を除く）があるから、概略として前述の原単位を適用すれば、震度五強で七五〇箇所、震度六強で一一六〇箇所となる。

主な避難ルートが利用可能でも、それ以前に自宅から避難ルートまで出られない状況が起こりうる。道路の啓開（仮復旧）は主要道路を優先して行われるであろうから、このような地域内の生活道路は啓開（仮復旧）するにしても優先順位が低く、避難しようとしても地域に閉じ込められ、あるいは避難施設まで到達できない可能性が高い。各県の地震被害想定では、ブロック塀倒壊・自動販売機等の転倒件数・屋外落下物の発生等も推定されている。[*18] この種の支障は幹線道路沿いよりも小街路で問題になると思われるが、避難元から出られない可能性とともに、避難先でも避難所は多数にわたっており、幹線道路沿いではなくむしろ小街路等に面した建物が多いことから、避難先に到達できない可能性がある。

道路と河川が交差する場所は小河川であっても必ず橋梁があり、落橋に至らないまでも損傷・段差が発生すれば自動車は通行できなくなる。同様にトンネルであっても崩落が発生すれば自動車は通行できなくなる。徒歩であれば多少の損傷・段差は乗り越えて移動できる可能性もあるが、自動車であるためにかえって通行の困難性が生じる。国土交通省では道路構造物の健全性を点検し結果を公表している。[*19] 評価は四段階あり「Ⅰ健全（構造物の機能に支障が生じていない状態）」「Ⅱ予防保全段階（構造物の機能に支障

図5－2　道路構造物の健全性

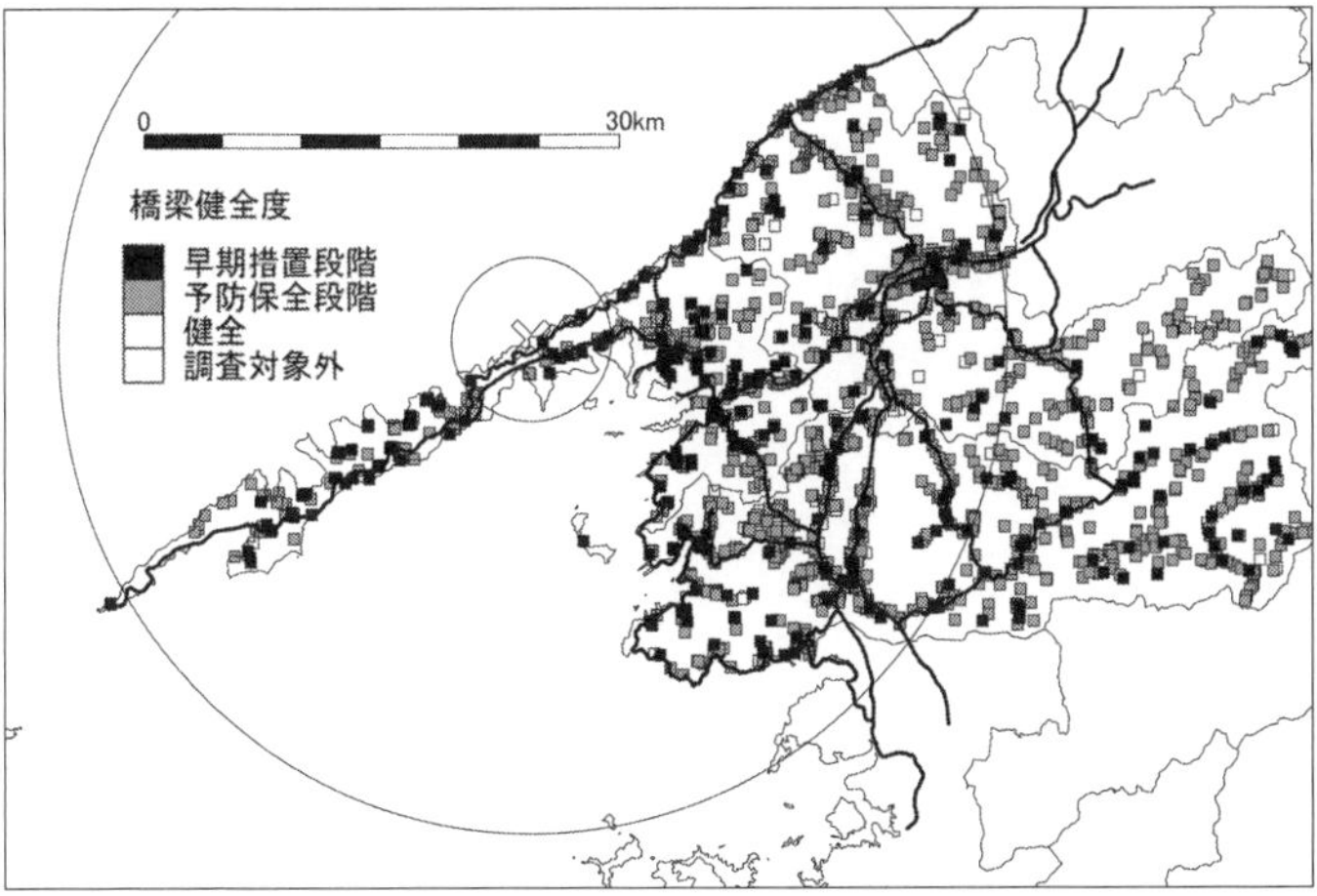

が生じていないが、予防保全の観点から措置を講ずることが望ましい状態）」「Ⅲ早期措置段階（構造物の機能に支障が生じる可能性があり、早期に措置を講ずべき状態）」「Ⅳ緊急措置段階（構造物の機能に支障が生じている、又は生じる可能性が著しく高く、緊急に措置を講ずべき状態）」と分類している。**図5－2**は伊方地域を例に、周辺の道路構造物（橋梁）の健全性を示す。図上では「Ⅰ健全・白」「Ⅱ予防保全段階・グレー」「Ⅲ早期措置段階・黒」で示す。図のようにⅠはほとんどなく大部分がⅡ以上である。

避難退域時検査の課題

ＵＰＺ（三〇km圏）からの避難者に対しては避難退域時検査（スクリーニング）が行われる。検査が行われる場所は「避難退域時検査場所（スクリーニングポイント、ＳＰ）」と呼ばれる。これは単なる手続きではなく、住民の生命・健康を守るために行う活動である。目的として一般的にいえば、①初期段階の被ばくを発見、確認、記録、除染し、さらなる追加被ばくを防ぐこと、②放射性物質の汚染（被ばくの有無）を初期段階で確認すること、③避難先に汚染を持ち込まないことなどである。

①に関しては放射性ヨウ素の半減期が短いため、被ばくの確認は時間が経過した後では行えず、初期段階での被ばくの有無が確認できないと個人にとって事故由来の健康被害の確認ができなくなる。福島第一原発事故では、実際には被ばく量が少なかった人までも多くの人が長期的に健康被害への不安を抱くこととなった。避難先（受入側）においても、避難者が放射線測定を受けて必要に応じて除染を受けたことを客観的に確認できる手段が講じられていなければ、避難先の住民に不安を与えるだけでなく、実害として不当な差別などを受ける可能性があることが指摘されている。[*20]

国の「避難退域時検査」は、「原子力災害対策指針」に基づき「除染を講じるための基準（ＯＩＬ４）」として四万ｃｐｍ（count per minute・一分あたり測定器に入射した放射線数）を定め、①車両（自家用車・バス）の検査を行い基準値を超えなければ人の検査をしない、②車両で基準を超えた場合は代表者を検査し、基準値以下なら、他の同乗者の検査はしない、③代表者が基準値を超えたら同乗者全員の検査を行う、④基準値を超えた車両・人は「簡易除染」を行う、⑤簡易除染をしてもＯＩＬ４を下回らない「人」は除染が行える機関で除染を行い、「車両・物品」は検査場所で一時保管を行うとしている。[*21] なお地域によっては異なる手順を設定している場合がある。[*22]

検査場所では、標準となる測定器を用いｃｐｍで管理するとされている。これは簡易・迅速を目的とした測定方法のため、被ばく量に直接換算することはできないが、「マニュアル」によると計数率四万ｃｐｍは表面汚染密度で約一二〇Bq／㎠に相当するとされている。[*23] また国立研究開発法人産業技術総合研究所の資料[*24]では、計数率四万cpmは表面汚染密度で約一六〇Bq／㎠、原子力安全委員会原子力施設等防災専門部会被ばく医療分科会の資料[*25]では一万三〇〇〇cpmは表面汚染密度で四〇Bq／㎠に相当するとされている。これらを照合すれば「めやす」程度ではあるが概ね一致する。また一万三〇〇〇cpmは概略で放射性ヨウ素による小児甲状腺等価線量一〇〇mSvに相当するとの報告もある[*26]。

スクリーニングは福島第一原発事故後に新たに設けられた手順ではなく、同事故の時点でも、いくつかの混乱・不整合はあったものの実施されている。ただし同事故でのスクリーニングとは、現在の手順でいう「避難退域時」ではなく避難先で行われた。同事故前からの基準は一万三〇〇〇cpmであったが、要員や資機材の制約、複合災害に起因するさまざまな制約、関連行政機関の見解の相違などから、六〇〇〇・二万・一〇万など異なった基準が適用される結果となった[*27]。

避難退域時検査場所の所要時間

移動中（道路上）での渋滞以上に、避難退域時検査場所での所要時間が大きな制約となる。避難経路から退域時検査場までの迂回やスクリーニングそのものの所要時間が加わるため全体の避難時間はさらに伸びることになる。また退域時検査場への出入り自体が渋滞の要因にもなる。内閣府の避難時間推計ガイダンス[*28]には退域検査場所の検査レーンとして**図5−3**のような概要図が提示されている。

同ガイダンスによれば退域検査レーンの処理能力は乗用車の場合一台あたり三分と想定しているが、これはきわめて楽観的な仮定である。実際に作業時間を実測した報告[*29]によると、参加車両二九台という小規

図５－３　検査場所のレイアウト（内閣府「ガイダンス」より抜粋）

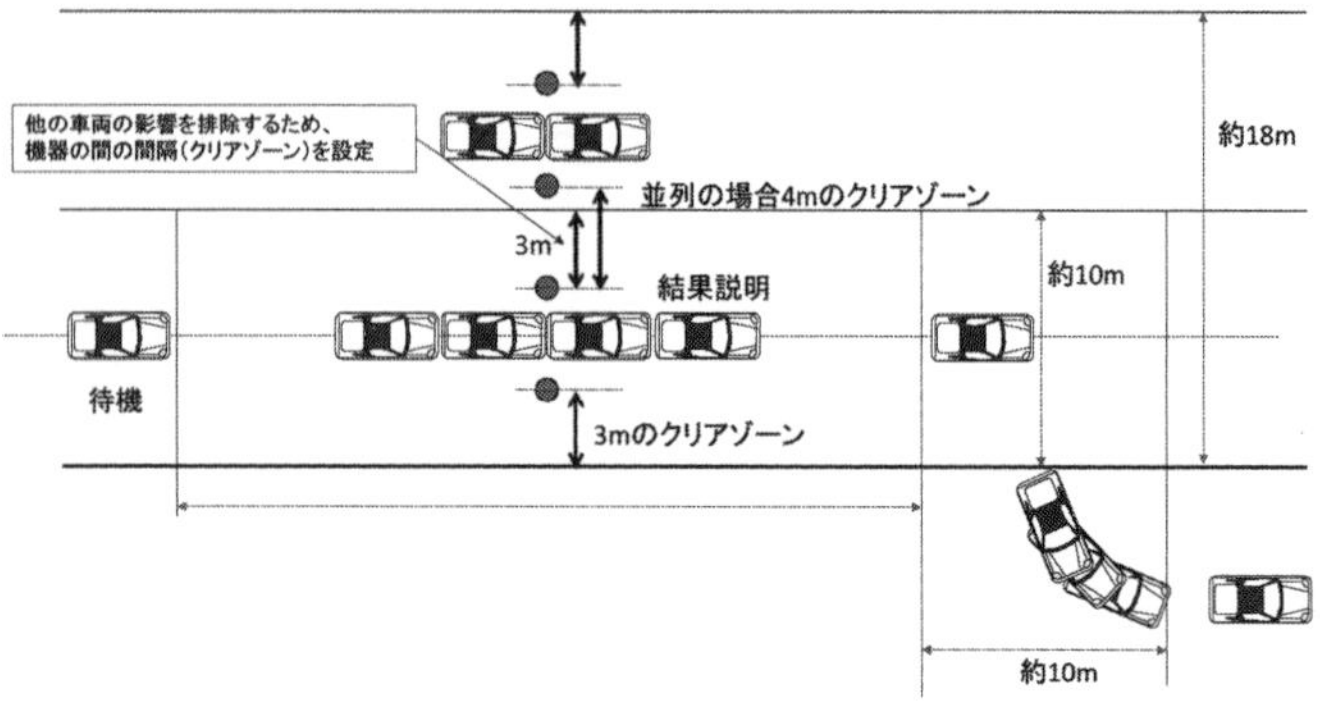

模な模擬実験ではあるが、汚染のない車両が全行程を通過する所要時間は平均六分五秒（最大九分一三秒）、汚染のある車両が全行程（除染）を通過する所要時間は平均二三分四秒（最大二八分一秒）であり、これだけでも一台三分という想定を大きく逸脱している。

避難退域時検査における作業内容は地域によらず同じであるから他地域でも同様である。平均値を採用したとしても、いずれの地域でも数百時間という非現実的な時間を要する。各地域で実施されている阻害要因調査（避難時間シミュレーション）でも、スクリーニングポイントを起点とした渋滞や「グリッドロック」の発生が指摘されている。[30] グリッドロックとは検査場所に流入する車列と流出する車列が交差することで相互に阻害し合い、どの車も動けなくなる「睨み合い」現象である。

さらに避難退域時検査場所では、検査レーンの他に待機車両の駐車場や、簡易除染を行ってもＯＩＬ４を下回らない車両等の一時保管場所等が必要となる。さらに許容値[31]を超えた避難者の除染・衣服廃棄・着替え等を行う時間等を加えればさらに時間を要する。もっとも実際にはこのような事態になれば、検査を断念して独自に行動する避難者も多数にのぼると予想され、避難退域時検査のしくみそのものが崩壊する。また長時間を要することは検査の意義そのものを失わせる。

原子力安全委員会原子力施設等防災専門部会被ばく医療分科会の資料によると、現実の福島第一原発事故後当初には半減期の短い放射性ヨウ素による被ばくが支配的であったのに比べ、[*32]長時間経過後には放射性ヨウ素は消失し半減期のより長い放射性セシウム（地表面や物体表面への付着）が被ばくの主体となる状況から、退域時検査の目的が変化し、放射線管理区域外への持ち出し基準に相当する四Bq／cm²を目指してスクリーニングレベルを下げるように求めたとある。[*33]すなわち退域時検査は時間経過によっても意味が異なってくる。

検査場所が開設できるのか

検査場所については原子力規制庁「原子力災害対策指針」でも「避難退域時検査等の実施に当たっては、それが必要な対象全てに対して実施できるような場所を選定するべきであり、この避難退域時検査等は、可能な限りバックグラウンドの値が低い所で行うことが望ましい」[*34]として一般的な要件を記述している。各地域の避難退域時検査場所は、発生源からおおむね三〇km以遠に設けられる計画であるが、放射性物質が飛来してバックグラウンドレベルが上昇し、測定基準値を超え、あるいは近くなれば測定そのものが困難になるからである。しかし現実にはこのような条件の実現は困難である。福島第一原発事故では、四万cpmを超えるような地域が広範囲に出現した。検査場所自体がこの範囲に存在していれば測定自体が無意味となり、検査場所として機能しないとともに、簡易除染を行っても汚染を下げられないから避難者は別途除染施設への移動、避難車両は一時保管が必要となり、すべての避難車両（避難者）の通過ができなくなる可能性もある。

また別の面でも検査場所の開設の困難性が予想される。検査場所は少なくとも避難者（避難車両）が検査場所に到達する以前に開設されていなければ意味がない。訓練では日時が予定されているからその前までに要員や機材を派遣しておけばよいのであるが、実際の緊急事態ではその実施は極めて困難である。避難条件に該当した区域の住民が動き出す以前に、要員や資機材を所要の検査場所に送達し開設作業に着手しなければならないからである。京都府の広域避難要領[*35]では、放射性物質の放出前の「施設敷地緊急事態」から検査場所の開設準備を始める手順が記載されているが、他地域ではそうした検討はみられないようである。

避難場所は全てが同時に開設されるわけではなく災害の規模や気象状況に応じて選定されることになるが、具体的にはオフサイトセンターの判断・指示に依存する。避難指示が発出されるような事態となれば、その前から、該当地域の避難車両はすでに移動を始めており、すぐに検査場所に流入する。検査場所を開設する人員・機材の搬送を後追いで始めたとすれば、避難車両に混じって走行することになり、避難車両が検査場所に到着する前に検査場所を開設することは全く不可能である。多くの避難車両（避難者）は測定あるいは簡易除染を受けずに最終避難場所に向かってしまう可能性がある。

原子力緊急事態では、放射線業務従事者ではない自治体職員も防護業務に従事する必要がある。避難退域時検査場所では、放射性物質が付着した避難車両あるいは避難者と接することから被ばく管理が必要となり、許容限度を超えれば業務に従事できなくなる。そもそも避難車両は除染を必要とするレベルの地域から到着するのであるから、車両表面やタイヤ等、あるいは避難者自身がそれと同等の汚染を持ち込む。

被ばくの問題を別としても、作業内容や避難退域時検査が長時間にわたるところからシフト勤務も必要となり、多数の要員を必要とする。避難退域時検査場所に関して内閣府・原子力規制庁は「原子力災害時における避難退域時検査及び簡易除染マニュアル」[*36]を作成している。この中に「要員の構成と役割」として所要人員数が例示されているが、宮城県女川地域において所要人員を推定したところ、一シフト一四〇〇人という膨大な人数を必要とする。原子力緊急事態ではその前段に大規模な自然災害が発生している可能性が高く、そのような状況下で避難退域時検査場所の運用が可能とは思われない。

避難経路での生理的支障

机上の避難時間シミュレーションには表れない要因として避難経路での生理的支障がある。長距離・長時間に及ぶ現実の避難経路上では、避難退域時検査場所での待機時間等なども考慮すれば、仮眠・トイレ・飲食料等の生理的支障を考慮する必要がある。飲料・食料については非常時として多少の不便・不快は許容するにしても、トイレの必要性は平常時の健康な成人であっても数時間程度の間隔で生じ、子ども・高齢者や健康状態が不良な場合はその頻度が上昇する。また避難という強いストレス下ではさらに頻度が上昇すると考えられる。日常これが特段の問題とならないのは必要が生じた時にいずれかのトイレを随時利用できるからであり、原子力災害における避難のように渋滞に巻き込まれ道路近傍でいずれのトイレも利用できないとなれば困難な状況に陥ることは当然である。避難者にとっては避難行動は三〇㎞圏離脱で終わるものではなく、避難退域時検査場所での検査や、汚染状況によっては簡易除染の必要があり、さらに避難経由所を経て最終避難所に到達するまでの時間である。

避難元から出発して時間が経過するほどトイレの必要性が高まる。設定されている避難経路上の道路近傍で立ち寄り可能な公共施設（図書館、スポーツ施設）等を利用するにしても、避難指示が発出された際には公共施設等の管理職員も退避せざるをえない。非常時として管理を放棄し施設を開放したまま退避する等の対応は可能かもしれないが、そうでなければ利用可能なトイレは公園程度に限られる。しかし一般に公園のトイレは公共施設のように多数の利用者を想定したものではなく一箇所あたり少数しかない。また避難経路周辺の公共施設等のトイレが利用可能であったとしても、いったん避難経路から外れた後に再流入しようとすればますます渋滞を助長する要因ともなり所要時間が増加する。女川地域の緊急時対応ではコンビニの利用などという荒唐無稽な対応が提示されているが[*37]、避難者の数と利用可能な箇所を比較すればその非現実性は明らかである。

要支援者

内閣府は二〇〇六年に「災害時要援護者の避難支援ガイドライン」を作成したが、東日本大震災に際して高齢者や障害者の死亡率が被災住民全体の死亡率の約二倍に達するなど、まだ実効性は十分ではない。二〇一三年に東日本大震災の経験を受けて災害対策基本法の改正と合わせてガイドラインが改訂された[*38]。法律では「高齢者、障害者、乳幼児その他特に配慮を要する者」を「要配慮者」と定義し、そのうち「自ら避難することが困難な者であって、その円滑かつ迅速な避難の確保を図るため特に支援を要するもの」を「避難行動要支援者」としている。

福島第一原発事故で双葉町の座位を保つのが難しい要支援者をやむを得ず一般のバスで移送したために危険を増加させたことが記録されている。[*39]福祉施設等では各施設において個別にリフト付車両等を保有、あるいは手配している場合があるが、施設内の全員の一斉移動に対応するような車両数は備えられていない。小規模な施設においては職員の乗用車に相乗りする等の対応も考えられるが、輸送力の絶対的な不足は明らかであろう。

さらに二〇二〇年からのコロナ感染拡大を契機として、感染症蔓延下での避難も課題として現実化した。感染（可能性）者とその他の避難者の車両を分ける等の対策も提示されているが、そうすればますます車両が足りなくなることが予想される。また要支援者の移動は、単に物理的な移動ではなく、避難先で必要な機器（呼吸器等）や受入れ条件が整っているかのマッチングが必要となる。事例として、新潟県内の福祉施設で新型コロナ感染者が発生したために他施設への移動を行ったところ、各人の状況に応じたマッチング、搬送車両の対策などで、五〇人弱の移動に四日間要した。[*40]複合災害がなくてもこの状態であるから、原子力災害でどれだけ時間がかかるかは想像もつかない。

二〇二〇年一〇月に新潟県柏崎刈羽原発を対象に実施された訓練では東京電力から支援車両が派遣された。入所者約八〇名の福祉施設で、ストレッチャーの要搬送者（職員による代役）を二人の東電職員が介助して車両に乗せる方式（他にドライバー一名・乗降作業には従事なし）であるが、車両が施設の入り口に停車してから出発するまでの時間は五〜六分を要した。[*41]約八〇名に対して、入所者一名を車両一台で搬送するとすると、車両が連続的に来ても七時間かかることになる。この所要時間はいずれの地域でも大差なく、特段短縮する手段も考えられないから他地域にも適用されるデータである。車両台数は限りがあるのでピストン輸送が必要になるが、時間や道路状況の面から可能かどうかは疑問である。

報道機関のヒアリングによると、東海第二地域のある自治会地区では住民約一九〇〇人のところ、自治会が把握しているだけで要支援者は約三〇人おり、うち約二〇人は身近に手助けする人がいない。車両がなければリヤカーの利用まで検討しているが、リヤカー一台で要支援者宅と集合場所の一km前後を往復すると、一人につき一時間として全員で二〇時間かかることになり困惑しているという。[*42] またこのような状態では屋外で行動せざるをえないから本人および介助者の被ばくも避けられない。

避難時間シミュレーションとは

理工学的な検討としては、第4章のとおり第一に拡散シミュレーション、第二に避難時間シミュレーション（ETE・Estimation Time of Evacuation）が重要となる。原子力災害に関連する避難時間シミュレーションは、現在はマイクロシミュレーションと呼ばれる手法が一般的に用いられる。これはコンピュータ上に道路ネットワークを構築し、避難計画上の経路を走行する仮想の避難車両を一台ずつ将棋の駒のように発生させて動かす方式である。模式的に示すと次の**図5―4**のような考え方である。そのイメージはデモ動画を参照していただきたい。[*43] たとえばある経路に沿ってAからE地区があるとする。各地区に設定された避難車両を最寄りの経路上に発生させる。避難車両はあらかじめ設定された避難指示タイミングと間隔で発生するものとする。各経路上に発生した避難車両は順番待ちの後に順次車列に参加してゆき、その分だけ待機台数は次第に減ってゆく。車列に参加した車両は交通密度（距離あたりの存在台数）に応じた速度で移動してゆく。交通密度がゼロ（自車しか走行していない）の時は制約なく（信号その他の規制は守るとして）自由に走行できるが、次第に交通密度が増えてくるにつれて走行速度が低下してゆき、ついには「渋滞」に至る。交通密度と走行速度の関係式（「K〜V式」）は必ずしも理論的には求められないが、経験則を合わせていくつかの関係式が提案されている。

図5－4　マイクロシミュレーションの概念

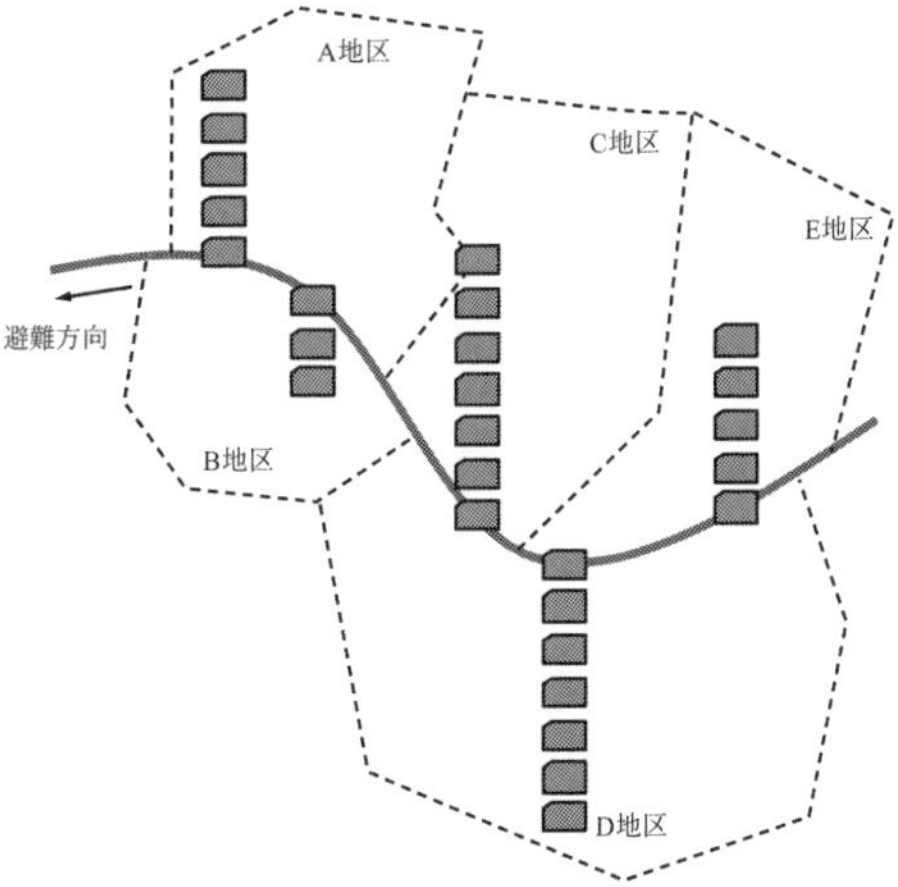

図5－5　交通密度と走行速度の関係

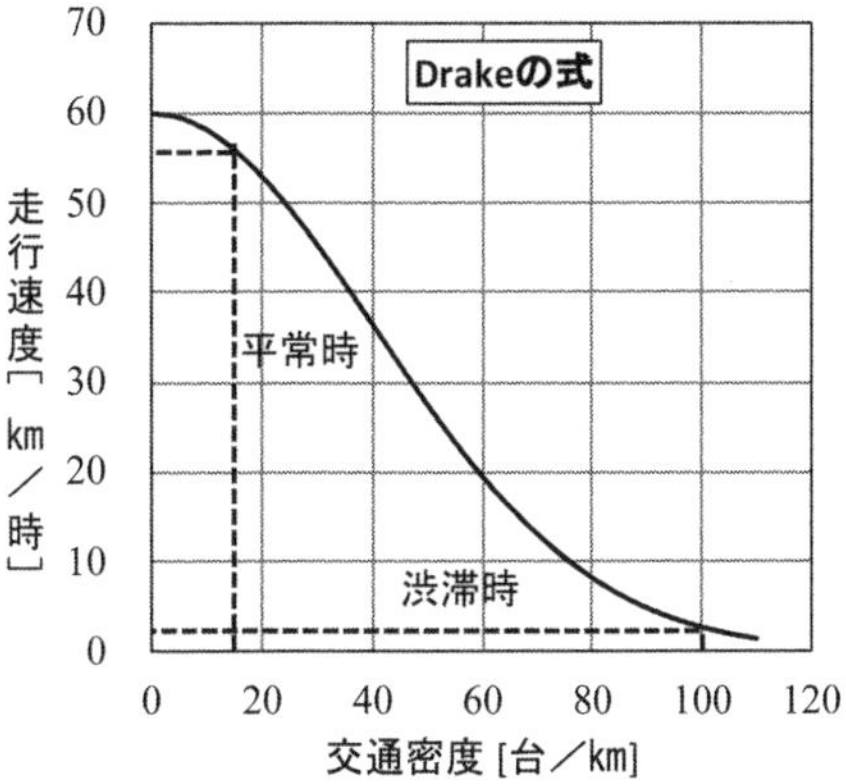

図5－5はその一例でドレイクの式[44]として提案されているものである。いくつかの地域の原子力防災計画に関して避難時間シミュレーションの委託業者[45]が採用している。

各地の避難時間シミュレーションと方向別避難

前述のように、「指針」の策定当初（二〇一二年）は原則として緊急事態が発生したらPAZ（五km圏）内が先に避難し、その後はUPZ（五〜三〇km圏）内が同心円状・放射状に一斉に避難すると想定されていた。「指針」には「一斉避難」との明記はないが、そのように解釈されるため、各地域の当初のシミュレーションは一斉避難の前提で計算されていた。また当時の「段階的避難」という用語は、より発生源に近いPAZ（五km圏）の避難を優先させるため、PAZの避難が完了するまで外側のUPZの避難を待つとの意味で用いられている。原子力規制庁では二〇一四年時点で避難時間シミュレーションに関する国内外の動向や問題点をまとめている。[*46] 当時、各地域で行われた避難時間シミュレーションは、条件設定など個別ばらばらに行われていたが、基本的に米国の避難時間シミュレーションを模倣したものである。全国で三社の受託業者がバランス良く配分して受注していたが、各々異なったシミュレーションシステムを利用し条件設定もさまざまなので統一的な比較は困難である。また避難時間シミュレーションの日米比較を行った報告[*47]によると、米国の避難時間シミュレーションでは「職場を離れる時間」「職場から自宅へ帰宅する時間」「自宅から避難する準備時間」を考慮している。一方で日本におけるシミュレーションの多くは避難指示発出時間を避難開始時間としており、その点でも現実性が劣るといえる。福島原発事故以後に、原発から四〜七kmの周辺住民を対象に二〇km圏外（調査時点の設定）へ避難すると想定して準備時間の想定を質問したところ、一時間以内が三九％、三時間以上が二三％などの回答があった。[*48]

次いで二〇一五年以降に「指針」の方針が変わり、UPZは屋内退避を原則として、放射性物質の放出後に線量測定に基づいて方向別に地域を指定して避難することになった。これは避難に際してSPEEDIの結果を使用しないことにした方針とも関連がある。このため従来の避難時間シミュレーションの前提が変化したが、そのまま見直しを行っていない地域もある。一方で方向別の避難を想定してシミュレーションをやり直しているケースがある。また「段階的避難」の意味が変化し「方向別避難」の意味で使用するようになった。旧シミュレーションの段階では条件設定がまちまちであったが、「指針」の方針変更に関連して内閣府「原子力災害を想定した避難時間推計　基本的な考え方と手順ガイダンス」[*49]が提示された。同ガイダンスによると、**図5－6**のように避難区域のイメージとして概ね四五度の扇型範囲が想定されている。これは各種の検討から、放射性物質の放出方向軸（風向軸）に対して概ね四五度の扇型範囲（セクター）の外では被ばくがごく小さくなるとされているためである。日本原子力開発機構は二〇二一年に避難時間推計の日米の比較分析を報告している。[*50] **表5－2**はその後の調査および判明

図5－6　方向別避難の概念

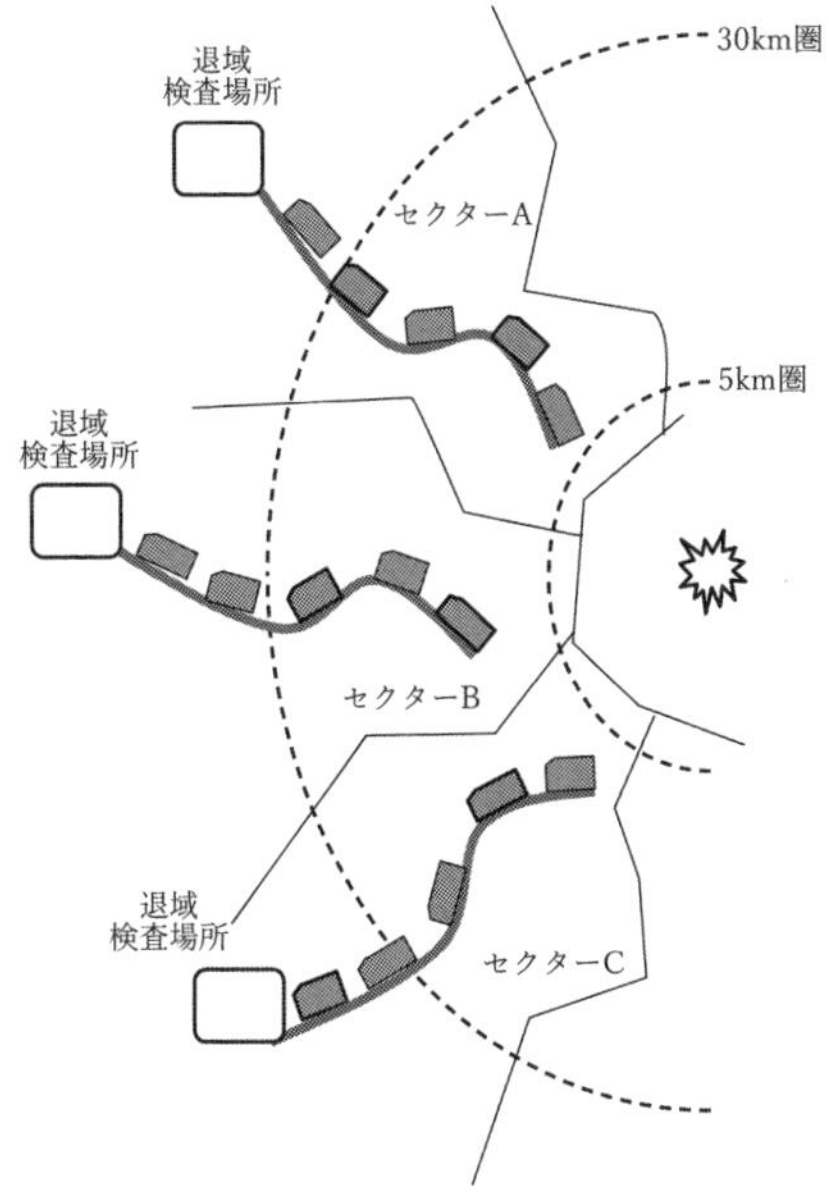

滋賀県	敦賀・美浜・大飯・高浜・もんじゅ・ふげん対象	2013	原子力災害に係る避難需要推計業務委託報告書*64	不詳
京都府	高浜	2013	避難時間推計シミュレーション結果の結果について*65	不詳
岐阜県	敦賀	2015	原子力災害に係る避難方法シミュレーションの結果について*66	不詳
島根・鳥取県合同	島根	2014	原子力災害時の避難時間推計*67	三菱重工
鳥取県		2020	鳥取県原子力防災避難経路阻害要因調査研究業務委託報告書*68	千代田コンサルタント
愛媛県	島根	2014	愛媛県原子力防災広域避難対策（避難時間推計）検討調査結果概要*69	三菱重工
佐賀・福岡・長崎県合同	玄海	2014	原子力災害時の避難時間の推計結果をお知らせします*70	三菱重工
佐賀県		2018	平成29年度原子力災害時における避難経路調査業務委託報告書*71	構造計画研究所
鹿児島県	川内	2014	川内原子力発電所の原子力災害に係る広域避難時間推計業務報告書*72	ユーデック
		2019	避難時間シミュレーションについて*73 *74	構造計画研究所

表5－2　避難時間シミュレーションの状況

道府県	地域名	公表年	公開資料および情報公開請求開示資料	受託業者
北海道	泊	2013	避難時間推計シミュレーション結果*53	ユーデック
		2020	原子力災害時における住民等の避難効率化のための避難時間推計シミュレーション結果について*54	不詳
青森県	東通	2014	避難時間シミュレーション解析結果（東通原子力発電所）*55	構造計画研究所
宮城県	女川	2020	原子力災害時避難経路阻害要因調査結果*56	構造計画研究所
福島県	福島第一 福島第二	2014	福島第一原子力発電所及び福島第二原子力発電所に係る暫定的な重点地域の避難時間推計業務報告書*57	ユーデック
茨城県	東海	不明	避難時間推計シミュレーションの結果について*58	ユーデック
静岡県	浜岡	2014	浜岡原子力発電所の原子力災害対策重点区域の避難シミュレ ーションの結果について*59	三菱重工
新潟県	柏崎刈羽	2014	新潟県原子力災害に係る広域避難時間推計業務報告書*60	三菱重工
		2021	新潟県原子力災害時避難経路阻害要因調査事業概要版*61	構造計画研究所
石川県	志賀	2013	志賀原子力発電所避難時間推計シミュレーション結果*62	不詳
福井県	敦賀・美浜・大飯・高浜対象	2014	原子力災害を想定した避難時間推計シミュレーション結果の 概要*63	構造計画研究所

した事項を上岡が一部補足して示す（発行担当部局はいずれも発行当時）。

図5－7　方向別避難の交通負荷

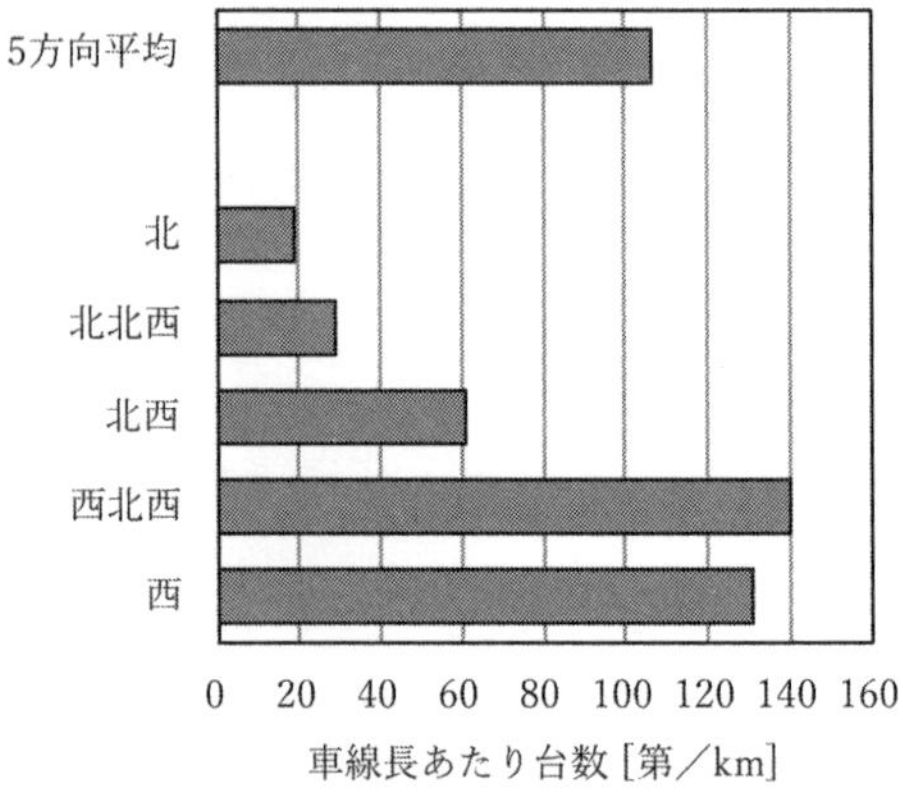

「方向別避難」は避難時間の短縮を意図したものと思われるが、避難時間の観点からは一斉避難に比べて特段の利点はないと考えられる。全国いずれの原発においても**図5－6**のイメージのように、避難区域の車両がその区域からおおむね最短距離で原発から離れるように半径方向の幹線道路に沿って放射状に移動することが想定されている。その一つのセクター（例えば四五度の扇型で全体の八分の一）を抜き出してみれば、移動すべき車両数が八分の一になっても、同時にそれらが利用しうる道路容量もおおむね比例して八分の一となるので各々の交通密度は変わらないからである。方向別避難すなわちモニタリングの結果から区域を特定するにせよ、同心円状一斉避難にせよ、ある避難区域（セクター）に注目してみれば、避難区域（セクター）ごとの交通密度や検査場所・避難所受付ステーションの負荷（機材・人員の要求）は、方向別か一斉かの条件により大きく変わることはない。

図5－7は宮城県女川地区を例に、三〇km圏の四五度のセクター別五方向（北・北北西・北西・西北西・西）の推定移動車両台数と、セクター内に存在する道路の容量（車線km）の比率（車線長あたり台数）を比較した

ものである。道路容量あたりの移動台数が多いほど交通密度が高い、すなわち図5―5で示したように移動時間がかかる。特に交通密度の高い北西・西北西では、渋滞を避けるために別のセクターに回る等の行動は困難であり、これは方向別避難によって緩和することはできない。

さらに「方向別避難」を実施しても、半日程度の間に結局は全方向避難が必要になる可能性もある。福島第一原発事故の際の双葉町での状況が記録されている。「この日、三月一二日は夏型の陽気だったんです。夏型の陽気になると、双葉町は風が一周するんです。だいたい正午から午後三時くらいの間は、南東から吹いてくる。まさに南東から吹いてくる風がSPEEDIが示した予測図の姿なんです。そこにいたんですよ。役場の庁舎の前に旗が立っていたんですが、その旗の動きで風の向きを見ていました。『今のところはいいな』」と。でもお昼頃になると、『まずいなこっちに来た、だんだん回るな』と。窓に置いておいた放射能測定器の針が上がりました」[*51]という。結局のところ数時間のうちにUPZ圏全体が包括されてしまうことになる。このため「モニタリングに基づき区域を特定して」といっても結局はUPZ圏全体避難と変わらない状況に至る可能性が高い。

関連して、東海第二原発（茨城県）に関して県が日本原子力発電に要請した放射性物質の拡散シミュレーションが二〇二三年一一月に公開された[*52]。詳細は第7章で触れるが、同原発の三〇km圏の全人口が九一万人のところ、推計結果をもとに方向別の避難を想定すると、避難人口は最大でも一七万人にとどまるとされる。しかし対象人口が限定されたといってもこれは女川地域（宮城県）や川内地域（鹿児島県）の三〇km圏の全人口と同程度である。これらの地域での避難時間シミュレーション（表5―2）では、条件によっては避難に数日単位の所要時間が推定されている。緊急事態が短時間で収束しないかぎり、この間に気象条件が変動して結局は三〇km圏全域が避難（一時移転）対象になる可能性がある。

緊急時対応と避難時間シミュレーション

避難時間シミュレーションに関する一定の指針は示されたが、これはあくまで移動時間の試算であり、どのくらい被ばくするかとは関連づけられていない。移動時間と被ばく量を組み合わせた検討は、少数の研究的な報告例[*75]はあるが各地域の緊急時対応では検討の対象になっていない。一般にシミュレーションでは、避難完了時間とは九〇％の住民が避難した時点と定義されるが、逆にいえば一〇％の住民が残留している状態である。現場では市町村の職員・消防団員や自治会役員などが個別確認に回らざるをえないからこれらの人々も残留者となる。東海村JCO事故に際しては、避難要請の範囲の三五〇m・対象の住民二六五名に対して、個別の確認・説得（移動を希望しない住民など）に時間がかかり、全員の退避確認は事故発生から一〇時間を要している。これが三〇km圏となればどれほど時間がかかるのか想像もつかない。

また住民にとっての避難とは三〇km圏外に離脱すれば完了するものではなく、さらに避難退域時検査場所（UPZの場合）を経て最終避難先に到達するまでの過程であり、むしろ三〇km圏離脱以降に多大な時間を要する。鹿児島県の川内地域の例で、当初の報告（二〇一四年三月）では、自然災害による道路支障などを考慮したケースで最大二八時間などの結果が報告されているのに対して、直近の二〇二一年三月の再推計では、さらに厳しい道路支障を考慮したり、避難退域時検査の時間や、三〇km圏脱出だけでなく避難所到達までなどの現実的な条件を考慮したところ、最大で一二日以上という結果が報告されている[*76]。これでも実証されたわけではなく机上の計算であり、実際はもっとかかるであろう。

三〇km圏の人口が約二〇万人の川内でこの値であるから、茨城県の東海第二で九四万人などとなれば非現実的な長時間になるだろう。しかし茨城県が二〇一四年に実施した避難時間シミュレーションでは、標準ケースとしてPAZ（五km圏）離脱に一五時間（住民の九〇％）〜二二時間（住民の一〇〇％）、UPZ（五〜三〇km圏）に二八時間等と推計している。[*77] さらに二〇一五年に渋滞対策等見直しで一四・五時間等に短縮されたなどと発表しているが、詳細は公開されていない。[*78] 現実的な条件を加えて計算すればするほど非現実的な時間がかかり、避難計画そのものが崩壊する。いったん放射性物質が放出されれば、住民は避難もできない、救援も来ない、水道も電気も来ないという状況の中で被ばくが累積する状態に陥る。

避難時間シミュレーションの制約

避難時間シミュレーションは、避難計画を策定する際の参考にはなるが結果の解釈には注意が必要である。

第一に、シミュレーションの選定モデルや担当者により様々な結果になりうるため客観性がない。しかも政府・規制委員会・電力事業者もその妥当性について評価をしていない。

第二に、試算結果と実績の比較・検証ができない。通常この種のシミュレーションは道路計画に用いられ、たとえば交差点の立体交差化・信号方式の改良・バイパス道路の開通などに関して、実施前後で渋滞の変化など実績と比較が可能である。しかし原発避難のように地域の車両が一斉に動き出す状況は実績との比較ができない。

第三に、設定する条件が多すぎて、それらの組み合わせとして多数のケーススタディを実施してもいずれが妥当な結果なのか判断できない。コンピュータ上のシミュレーションでは、条件を種々に設定して試算すれば多数のケーススタディが可能ではあるが、変動要因が多すぎていずれが妥当であるかの評価基準もなく、広域避難計画の基準としていずれを適用すべきかの判断もつかない。原発周辺の自治体担当者にとっても、数十ケースにも及ぶ試算結果を提示されても具体的に活用の方策がない。

また個々の車両の動きかたに関して、たとえば交差点・分岐点があった場合にどの経路を選択するか、あたかもドライバーが上空から俯瞰して予め完全な情報を知って安全（リスク最小）なルートを選択するとの仮定で計算されるなど、モデル自体が非現実的な仮定に基づいているケースもある。現在、カーナビゲーションや道路交通情報システムによってある程度は情報が取得できるようになっているが、道路の損傷による通行止めに遭遇して引き返すなどの個別の支障は考慮できない。

第四に、これまで行われた多くの避難時間シミュレーションでは自家用車のみを対象としており、バス等を使用する集団輸送について考慮した例は少ない。

第五に、シミュレーションはあくまで車両の移動時間であり、それ以前の避難準備時間や集合場所に参集する等の時間は考慮されていない。また避難経路の途中に避難退域時検査所（スクリーニングポイント）を設けてそこに立ち寄る必要があるが、避難経路から退域時検査場までの迂回やスクリーニングそのものの所要時間については考慮されないため、全体の避難時間はさらに伸びることになる。

避難者の総合的な被ばく

原子力防災の目的が被ばくの回避にある以上、拡散シミュレーション（第4章参照）と合わせて緊急時対策の実効性を評価する必要がある。その結果によっては広域避難計画が根本から覆る可能性がある。避難過程における被ばくの形態としては、①屋内退避中の被ばく（汚染大気塊中の放射性物質からのクラウドシャイン・地表に降下した放射性物質からのグラウンドシャインによる外部被ばく・汚染大気塊中の放射性物質の吸入による内部被ばく）、②移動経路中での被ばく、③避難退域時検査場所での待機中の被ばく（被ばく経路は②と同じ）が考えられる。

ＰＡＺについては放射性物質放出前の避難が原則とされているので、①の屋内退避中の被ばくはシナリオとしては想定されないが、事故の進展によっては避難完了前に放射性物質の放出が始まる可能性がある。被ばく量は、外部被ばくについては空間線量率とばく露時間（滞在時間に比例）の積、内部被ばくについては基本的には大気中の汚染物質濃度と吸入量（プルーム通過時間）の積により決まる。なお屋内退避による影響は第4章で述べた。

図5-8にＵＰＺ圏のある地区において、屋内退避の後に移動する場合の被ばくの概念図を示す。なおこのシナリオはプルームの通過が一回で終わると仮定しているが、福島原発事故にみられるように数次にわたって大量放出が発生するケースも考えられる。この場合は移動中あるいは避難退域時検査場所での待機中にプルームに遭遇することになり、被ばくはさらに増加する。そのシナリオは想定が困難なのでここ

図５－８　避難時の被ばくの概念図

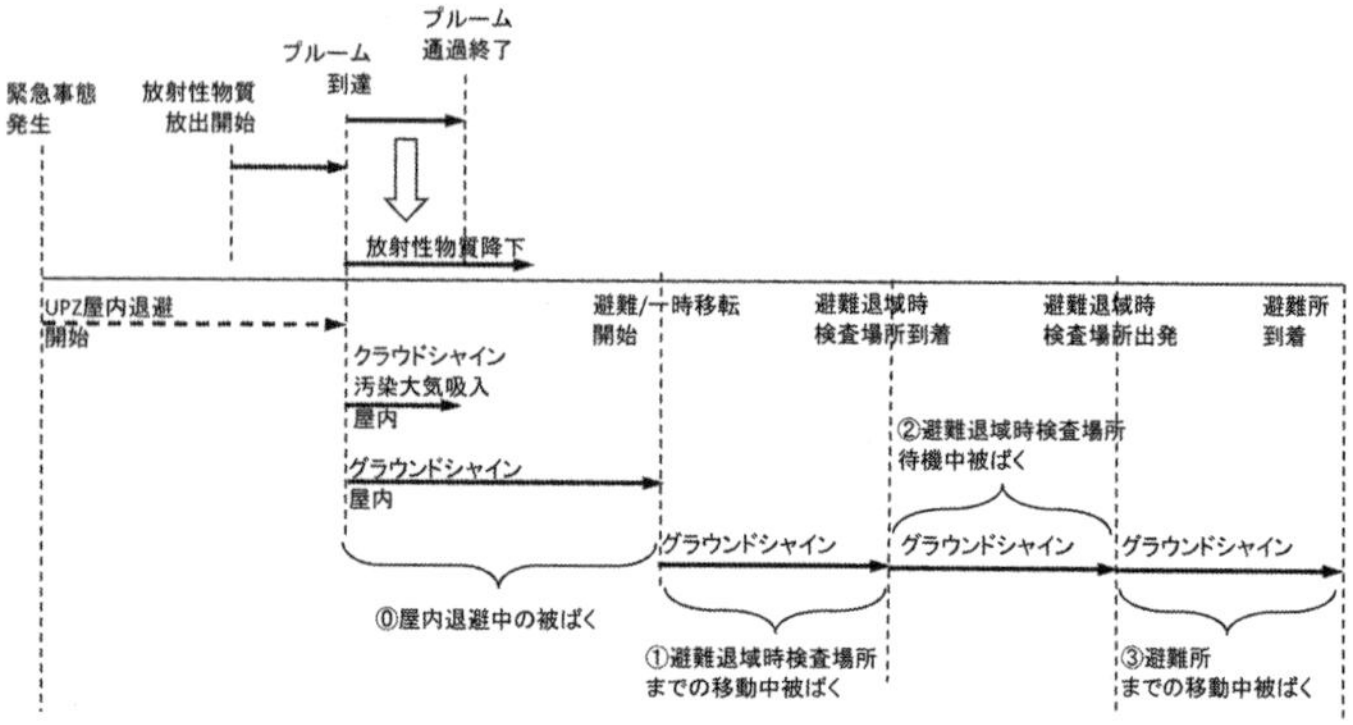

では取り扱わないが、本試算は少なくともこれだけの被ばくが発生するとして解釈すべきである。

　避難は原則として自家用車（乗用車）またはバスで行われることが想定されているが、車両は鉄とガラスで覆われた箱とみて遮へい効果があると考えられる一方で、気密ではないため完全な遮へい効果は期待できない。一般的な車両の遮へい係数は〇・八とする評価[79]もある一方で、浮遊放射性物質に対する自動車乗車中の遮へいは屋外と同じ（遮へい効果なし）としている資料もある。[80]

　日本原子力研究開発機構の評価では低減係数としてクラウドシャインについて〇・六六～〇・八八、グラウンドシャインについて〇・六六～〇・六四～〇・七三としている。[81]また自動車の走行は舗装道路であっても塵埃の巻き上げを伴うから、路面上の沈着粒子の再飛散を吸入する可能性がある。

　なお集団避難（バス等）は自動車が利用できない人と考えられるので、自宅等から避難所あるいは一時集合場所までの移動は露天にならざるをえない。これらの諸要因を考慮して移動中の被ばく低減効果はなしと想定した。

　避難経路全体での被ばく量を、東海第二地域を例に避難元別に

表5－3　避難者の総合的な被ばく

自治体	避難区域(校区単位)	⓪屋内退グラウンド被曝 [mSv表示]	⓪屋内退クラウド被曝 [mSv表示]	⓪屋内退吸入被曝 [mSv表示]	①避難元→検査場所までのグラウンド被曝 [mSv表示]	②検査場所でのグラウンド被曝 [mSv表示]	③避難場所までのグラウンド被曝(平均値) [mSv表示]	被曝⓪+①+②+③
ひたちなか市	那珂湊第二小学校	5.2	1.4	4.6	8.8	118.4	2.2	140.6
ひたちなか市	美乃浜学園	5.2	2.5	8.4	24.8	118.4	2.8	162.1
ひたちなか市	津田小学校	5.2	1.4	4.6	8.4	118.4	2.3	140.3
ひたちなか市	枝川小学校	5.2	1.4	4.6	6.9	118.4	2.8	139.3
ひたちなか市	東石川小学校	5.2	1.4	4.6	8.2	118.4	2.8	140.6
ひたちなか市	堀口小学校	5.2	1.4	4.6	7.6	118.4	2.4	139.6
ひたちなか市	長堀小学校	5.2	1.4	4.6	8.6	118.4	4.5	142.7
ひたちなか市	外野小学校	5.2	2.5	8.4	16.3	118.4	3.9	154.7
ひたちなか市	三反田小学校	5.2	1.4	4.6	8.4	118.4	2.4	140.3
ひたちなか市	中根小学校	5.2	1.4	4.6	9.0	118.4	3.2	141.9
ひたちなか市	田彦小学校	5.2	2.5	8.4	17.3	118.4	3.6	155.3
ひたちなか市	市毛小学校	5.2	1.4	4.6	8.5	118.4	2.8	140.9
ひたちなか市	那珂湊第一小学校	5.2	1.4	4.6	9.1	118.4	1.4	140.1
ひたちなか市	勝倉小学校	5.2	1.4	4.6	8.1	118.4	2.4	140.0
ひたちなか市	高野小学校	5.2	5.3	17.3	42.1	118.4	5.3	193.6
ひたちなか市	那珂湊第三小学校	5.2	1.4	4.6	10.2	118.4	2.2	142.0
水戸市	笠原中学校	36.1	0.4	1.5	1.8	118.4	5.2	163.4
水戸市	見川中学校	5.2	0.7	2.4	3.4	118.4	5.0	135.1
水戸市	国田義務教育学校	5.2	0.7	2.4	5.7	98.4	3.8	116.2
水戸市	常澄中学校	5.2	0.7	2.4	5.4	118.4	4.9	137.0
水戸市	石川中学校	5.2	0.7	2.4	3.8	118.4	3.3	133.8
水戸市	赤塚中学校	26.1	0.4	1.5	3.2	267.9	2.1	301.3
水戸市	千波中学校	5.2	0.7	2.4	3.3	118.4	5.2	135.1
水戸市	双葉台中学校	36.1	0.4	1.5	3.5	98.4	3.8	143.8
水戸市	第一中学校	5.2	0.7	2.4	5.0	118.4	4.1	135.8
水戸市	第五中学校	5.2	0.7	2.4	5.5	118.4	4.1	136.3
水戸市	第三中学校	5.2	1.4	4.6	9.6	118.4	5.2	144.3
水戸市	第四中学校	5.2	0.7	2.4	4.4	118.4	5.2	136.2
水戸市	第二中学校	5.2	0.7	2.4	5.0	118.4	4.1	135.8
水戸市	内原中学校	26.1	0.3	1.2	2.9	267.9	3.3	301.8
水戸市	飯富中学校	5.2	0.7	2.4	5.6	98.4	3.8	116.1
水戸市	緑岡中学校	36.1	0.4	1.5	2.3	118.4	5.0	163.7

推定した。避難退域時検査場所の平均的な待機時間として所要時間の二分の一と想定した。住民が避難計画どおり行動したとしてもすべての避難区域で法定の一般公衆の被ばく限度である一mSv／年を大きく超えるとともに、ICRPの見解でさえも有意な影響が否定できない一〇〇mSv／年を超える地域も出現する。

試算結果の全体は膨大であるので、ひたちなか市と水戸市について抜粋し**表5－3**に例を示す。この結果から、避難退域時検査場所での被ばくの割合が多く、現在の広域避難計画が成り立たない可能性が示唆される。

注

1 今井照編著・自治総研編『原発事故　自治体からの証言』ちくま新書、二〇二一年、七七頁、石田仁担当（大熊町副町長・当時）。

2 前出・今井照編著、八四頁。

3 新潟県原子力災害時の避難方法に関する検証委員「福島第一原子力発電所事故を踏まえた原子力災害時の安全な避難方法の検証～検証報告書～」二〇二二年九月二二日。https://www.pref.niigata.lg.jp/uploaded/attachment/335132.pdf

4 東京電力ホールディングス「山形県沖地震時における通報連絡用紙の誤記に関する原因と改善策について」https://www.tepco.co.jp/press/release/2019/1516131_8709.html

5 内閣府原子力防災「よくある御質問 」https://www8.cao.go.jp/genshiryoku_bousai/faq/faq.html

6 二〇二一年七月八日『毎日新聞』「広島県府中市への避難指示メール、東京都府中市の一部住民に誤って届く」

7 前出・今井照編著、六二頁。

8 上岡直見『原発避難計画の検証』合同出版、二四頁。

9 二〇二一年一〇月三一日の新潟県柏崎刈羽地域訓練より。

10 「愛媛県原子力情報アプリの公開について」https://www.pref.ehime.jp/h99901/event/ap250524.html

11 原子力規制庁「安定ヨウ素剤の配布・服用に当たって（令和三年七月二一日改正）」https://www.nsr.go.jp/data/000024657.pdf

12 原子力規制庁「原子力災害対策指針及び関係する原子力規制委員会規則の改正案に対する意見募集の結果について」平成二七年四月二二日、別二一六頁。

13 新潟県「新潟県原子力災害時の避難方法に関する検証委員会」第一〇回議事録、五八頁。https://www.pref.

niigata.lg.jp/uploaded/attachment/236554.pdf

14 新潟県「福島第一原子力発電所事故を踏まえた原子力災害時の安全な避難方法の検証～検証報告書～」令和四年九月二一日、四〇頁。 https://www.pref.niigata.lg.jp/uploaded/attachment/335132.pdf

15 新潟県「新潟県原子力災害時の避難方法に関する検証委員会」第二四回議事録、一四頁。 https://www.pref.niigata.lg.jp/uploaded/attachment/236554.pdf

16 第一九七回国会質問主意書「原発から三十キロメートル圏内の放射線防護施設の約四分の一が危険区域にあることに関する質問主意書」平成三十年十月二十四日提出・質問第五号（阿部知子議員提出） https://www.shugiin.go.jp/internet/itdb_shitsumon.nsf/html/shitsumon/a197005.htm

17 中央防災会議防災対策推進会議南海トラフ巨大地震対策検討ワーキンググループ「南海トラフ巨大地震の被害想定項目および手法の概要～ライフライン被害、交通施設被害、被害額など～」二〇一三年三月一八日、七頁。 https://www.bousai.go.jp/jishin/nankai/taisaku_wg/pdf/20130318_shiryo4.pdf

18 「愛媛県地震被害想定調査結果（最終報告）」平成二五年一二月、四〇七頁。 https://www.pref.ehime.jp/bosai/higaisoutei/higaisoutei25.html

19 国土交通省「全国道路施設点検データベース」 https://road-structures-map.mlit.go.jp/Index.aspx?ReturnUrl=%2f

20 前出「新潟県報告書」二二頁。

21 原子力規制庁「原子力災害時における避難退域時検査及び簡易除染マニュアル」 https://www.nsr.go.jp/data/000119567.pdf

22 新潟県福祉保健部・防災局「新潟県スクリーニング・簡易除染マニュアル」令和四年九月。 https://www.pref.niigata.lg.jp/uploaded/attachment/335929.pdf

23 前出・新潟県スクリーニング・簡易除染マニュアル、三頁。

24 国立研究開発法人産業技術総合研究所「ある条件下でのｃｐｍ（測定値）からBq／㎠、μSv／時への換算」https://unit.aist.go.jp/nmij/info/IR(J)/pdf/case_study_1_table_j.pdf　国立研究開発法人産業技術総合研究所「表面汚染の検査に多く用いられる大面積端窓型ＧＭ係数管の表示値と表面汚染密度の関係」https://unit.aist.go.jp/nmij/info/IR(J)/pdf/case_study_1_supple.pdf

25 前出「スクリーニングに関する提言（案）」https://warp.da.ndl.go.jp/info:ndljp/pid/9483636/www.nsr.go.jp/archive/nsc/senmon/shidai/hibakubun/hibakubun031/siryo4.pdf

26 原子力安全委員会原子力施設等防災専門部会被ばく医療分科会第三一回会合　医分第三一、四号「スクリーニングに関する提言（案）別紙」https://warp.da.ndl.go.jp/info:ndljp/pid/9483636/www.nsr.go.jp/archive/nsc/senmon/shidai/hibakubun/hibakubun031/siryo4.pdf

27 前出「新潟県報告書」二一〇頁。

28 内閣府原子力防災担当「原子力災害を想定した避難時間推計　基本的な考え方と手順ガイダンス」二〇一六年四月、四五頁。https://www8.cao.go.jp/genshiryoku_bousai/pdf/02_ete_guidance.pdf

29 （株）総合防災ソリューション「避難退域時検査時間記録の検証」二〇二〇年二月。（女川差止訴訟・甲Ｂ第一〇号証の一七の三）

30 （前出）（株）構造計画研究所「原子力災害時避難経路阻害要因調査結果概要版」令和三年三月。http://npdas.pref.niigata.lg.jp/genshiryoku/61693fe03b8c6.pdf

31 前出「原子力災害対策指針」では皮膚から数㎝での検出器の計数率（表面）がβ線で四万ｃｐｍを超える場合には簡易除染等を必要とする。

32 ヨウ素１３１の半減期は八・〇五日。

33　前出・原子力安全委員会原子力施設等防災専門部会。https://warp.da.ndl.go.jp/info:ndljp/pid/9483636/www.nsr.go.jp/archive/nsc/senmon/shidai/hibakubun/hibakubun031/siryo4.pdf
34　前出「原子力災害対策指針」七三頁。
35　京都府「原子力災害に係る広域避難要領」二〇二二年四月版、一一頁。https://www.pref.kyoto.jp/kikikanri/documents/hinanyouryou_2.pdf
36　内閣府・原子力規制庁「原子力災害時における避難退域時検査及び簡易除染マニュアル」令和四年九月二八日 https://www.nsr.go.jp/data/000119567.pdf
37　令和三年（ワ）第六七三号「女川原子力発電所運転差止請求事件」東北電力答弁書、二九頁。
38　内閣府「避難行動要支援者の避難行動支援に関する取組指針」二〇一三年八月。http://www.bousai.go.jp/taisaku/hisaisyagyousei/youengosya/h25/pdf/hinansien-honbun.pdf
39　内閣府「〈避難所の確保と質の向上に関する検討会〉福祉避難所ワーキンググループ」第一回（三瓶委員提出資料）　http://www.bousai.go.jp/kaigirep/kentokai/hinanzyokakuho/wg/pdf/dai1kai/siryo7.pdf
40　「第一六回新潟県原子力災害時の避難方法に関する検証委員会」資料1、二〇二一年五月三一日。
41　「第一五回新潟県原子力災害時の避難方法に関する検証委員会」大河委員提出資料、二〇二〇年一一月二一日。
42　「東海第二　三〇キロ圏　避難時、要支援六万　自治会「リヤカー移動」も」『東京新聞』二〇一八年八月二一日。
43　動画の例「ＳＯＵＮＤを用いた首都圏広域交通シミュレーション」（避難の検討例ではないがイメージを示す）。https://www.youtube.com/watch?v=TjsuwXcLsfk
44　奥嶋政嗣・大窪剛文・大藤武彦・土田貴義「都市高速道路における交通流特性の分析と交通流シミュレーションへの適用」土木学会第五七回年次学術講演会、二〇〇二年九月。

45　一例は川内原子力発電所に対する構造計画研究所「平成二九年度　原子力災害時における避難経路調査業務委託報告書」二〇二〇年三月。

46　三菱重工（株）「平成二六年度国内外の避難時間推計に係る動向調査技術資料（本編）」二〇一五年三月。

47　嶋田和真・高原省五「原子力災害対策重点区域に対する避難時間推計の日米の比較分析」日本原子力開発機構、ＪＡＥＡ Ｒｅｖｉｅｗ、二〇二一年九月、九三頁。https://jopss.jaea.go.jp/pdfdata/JAEA-Review-2021-013.pdf

48　岩佐卓弥・浅田純作・荒尾慎司・山根啓典・野崎康秀・片田敏孝「住民意識調査を利用した島根原発事故時の避難シミュレーション」土木学会第六七回年次学術講演会（二〇一二年九月）

49　内閣府「原子力災害を想定した避難時間推計　基本的な考え方と手順ガイダンス」二〇一六年四月 https://www8.cao.go.jp/genshiryoku_bousai/pdf/02_ete_guidance.pdf

50　前出・嶋田和真ほか「原子力災害対策重点区域に対する避難時間推計の日米の比較分析」。https://jopss.jaea.go.jp/pdfdata/JAEA-Review-2021-013.pdf

51　井戸川克隆・佐藤聡『なぜわたしは町民を埼玉に避難させたのか』駒草出版、二〇一五年、三七頁。

52　茨城県「放射性物質の拡散シミュレーション実施結果について」二〇一三年一一月二八日。https://www.pref.ibaraki.jp/bousaikiki/genshi/kikaku/kakusansimulation.html

53　北海道「避難時間推計シミュレーション結果」http://www.pref.hokkaido.lg.jp/sm/gat/bousai/ETE.pdf

54　北海道「原子力災害時における住民等の避難効率化のための避難時間推計シミュレーション結果について」https://www.pref.hokkaido.lg.jp/fs/2/2/6/5/4/1/6/_/ETER2.pdf

55　青森県環境生活部原子力安全対策課「避難時間シミュレーション解析結果（東通原子力発電所」https://www.pref.aomori.lg.jp/nature/kankyo/hinan_simu.html

56 宮城県「原子力災害時避難経路阻害要因調査結果」https://www.pref.miyagi.jp/documents/10411/793690.pdf

57 福島県「福島第一原子力発電所及び福島第二原子力発電所に係る暫定的な重点地域の避難時間推計業務報告書」https://www.pref.fukushima.lg.jp/sec_file/16025c/1f2f_hinanzikansuikei.pdf

58 茨城県生活環境部「避難時間推計シミュレーションの結果について」https://www.pref.ibaraki.jp/seikatsukankyo/gentai/kikaku/nuclear/bosai/documents/250726siryou4.pdf

59 静岡県危機管理部原子力安全対策課「浜岡原子力発電所の原子力災害対策重点区域の避難シミュレーションの結果について」http://www.pref.shizuoka.jp/bousai/kakushitsu/antai/documents/260423hinansimulation.pdf

60 三菱重工業株式会社「平成25年度新潟県原子力災害に係る広域避難時間推計業務報告」二〇一四年

61 新潟県「原子力災害時避難経路阻害要因調査事業概要版」https://www.pref.niigata.lg.jp/uploaded/attachment/299091.pdf

62 石川県危機管理監室危機対策課「原子力災害時の避難時間推計シミュレーション結果について」https://www.pref.ishikawa.lg.jp/bousai/bousai_g/genshiryokubousai/hinan_simulation.html

63 福井県危機対策・防災課「原子力災害を想定した避難時間推計シミュレーション結果の概要」https://www.pref.fukui.lg.jp/doc/kikitaisaku/genshiryoku-saigai_d/fil/260729hinan.pdf

64 滋賀県「滋賀県原子力災害に係る避難時間推計業務委託報告書」https://www.pref.shiga.lg.jp/ippan/bousai/genshiryoku/11414.html

65 京都府「避難時間推計シミュレーションの結果について」http://www.pref.kyoto.jp/shingikai/shobo-01/documents/03hokoku-hinansimyu.pdf

66 岐阜県危機管理政策課「原子力災害に係る避難方法シミュレーションの結果について」https://www.pref.

gifu.lg.jp/kurashi/bosai/genshiryoku/c11117/evacuation-time-estimate.html

67 島根県防災部原子力安全対策課「原子力災害時の避難時間推計」https://www.pref.shimane.lg.jp/bousai_info/bousai/bousai/genshiryoku/jikansuikei.data/hinanjikansuikei.pdf

68 鳥取県危機管理局原子力安全対策課「原子力防災避難経路阻害要因調査研究業務委託報告書」情報公開請求により取得。

69 愛媛県、愛媛県原子力防災広域避難対策（避難時間推計）検討調査結果概要 https://www.pref.ehime.jp/h15550/keikaku/documents/sankoushiryo14.pdf

70 佐賀県消防防災課「原子力防災時の避難時間の推計結果をお知らせします（概要）」https://www.pref.saga.lg.jp/kiji0031169/3_1169_1_kekkagaiyou.pdf

71 情報公開請求により取得。

72 鹿児島県原子力安全対策課「川内原子力発電所の原子力災害に係る広域避難時間推計業務報告書」二〇一四年。

73 鹿児島県原子力安全対策課「避難時間シミュレーションについて（シミュレーション結果のとりまとめ案）」。https://www.pref.kagoshima.jp/aj02/documents/71139_20190327134732-1.pdf

74 構造計画研究所「鹿児島県避難時間推計調査等業務委託業務報告書概要版」。https://www.pref.kagoshima.jp/aj02/bosai/sonae/simulation/documents/73839_20190813135537-1.pdf

75 南裕也・佐野可寸志・鳩山紀一郎・伊藤潤「規範的避難行動原理に基づく原子力災害時の避難需要の避難開始時刻最適化」土木学会論文集Ｄ３（土木計画学）七四巻五号、I-八三七頁、二〇一八年。

76 構造計画研究所「鹿児島県避難時間推計調査等業務委託　業務報告書」二〇一九年三月二八日（情報公開請求により取得したもの）

77 茨城県生活環境部他「避難時間シミュレーションの結果について」https://www.pref.ibaraki.jp/seikatsukankyo/

gentai/kikaku/nuclear/bosai/documents/250726siryou4.pdf」
78 『茨城新聞』二〇一八年五月一三日。
79 経済産業省原子力被害者生活支援チーム「県道三五号・国道一八八号における帰還困難区域の線量調査結果について」二〇一九年八月。https://www.meti.go.jp/earthquake/nuclear/kinkyu/hinanshiji/pdf/190826_sankousiryou3r.pdf
80 宮城県地域防災計画原子力災害対策編付属資料3－7－3。https://www.pref.miyagi.jp/uploaded/attachment/238493.pdf
81 国立研究開発法人日本原子力研究開発機構「原子力災害時の自動車内外で被ばくの違いを評価する―放射線挙動解析のための自家用車モデルの開発とその適用―」『原子力機構の研究開発成果二〇一八－一九』https://rdreview.jaea.go.jp/review_jp/2018/pdf_high/j2018_2-4.pdf

6 原発をめぐる訴訟と論点

訴訟の状況

原発をめぐる訴訟は大別して①設置・稼働の差し止めを求める訴訟と、②事故の被害者に対する損害賠償を求める訴訟がある。これらはいずれも民事（行政）訴訟である。①は一九七三年の伊方発電所の訴訟をスタートとして半世紀にわたり多数の訴訟が提起されてきた。②は主として福島第一原発事故の後に、被害者が損害賠償を求める訴訟である。①に関しては、脱原発弁護団全国連絡会のウェブサイト[*1]によると、二〇二三年五月九日までに延べ六七件（本人訴訟を除く）の訴訟が提起された。同一地域（サイト）でも対象の号機・被告・請求事項が異なるケースもあり、対象の炉の廃炉が確定したケースもある。

長期間継続している訴訟も多いが、現時点（二〇二三年一〇月）で係争中の訴訟は三一件、仮処分は三件、執行停止は一件となっている。①のうち、民事訴訟（発電事業者を被告として運転・再稼働の差し止めを請求する）と、行政訴訟（国を被告として認可の取り消しを請求する）がある。また②は、福島第一原発事故の被害者に対する賠償・救済に関する訴訟（集団訴訟）であり、二〇一九年までに全国で二九件の訴訟が提起された。[*2]また②に属するが性格が異なる訴訟として、放射性物質による甲状腺がんの罹患に対する損害賠償を請求する子ども甲状腺がん裁判がある。

運転・再稼働に関する訴訟のほとんどは、国または発電事業者を被告（当事者）としているが、例外的に東北電力女川原発2号機については、二〇一九年一一月に住民が宮城県と石巻市に対して「再稼働の同意の差し止め」を求める仮処分を仙台地裁に申請した。これは全国でも例外的だが同地裁は二〇二〇年七月にこれを却下し、高裁に即時抗告を申し立てたが同年一〇月に棄却された。このほかに刑事裁判として福島第一原発事故に関して東電経営者の過失を問う訴訟、[*3]東電旧経営陣に対して損害賠償を請求する株主代表訴訟が係争中である。[*4]

なお後述の各々の事例紹介で訴訟の経緯を要約しているが、途中で訴訟の構成の変更など経緯が複雑なケースもあり、煩雑なので要所のみを示すにとどめる。各々の訴訟の進展によって状況は日々変化するが、単行本では随時の修正はできないので、前出・脱原発弁護団全国連絡会のウェブサイトや個別の原告団の資料等を参照していただきたい。また福島第一原発事故後の注目される訴訟の解説は海渡雄一著書・[*5]神戸英彦著書[*6]などがある。なお第一審では「原告・被告」、控訴すると「控訴人・被控訴人」と呼称されるが、本章では区別せず住民側を原告（側）と表記する。

しばしば「裁判に時間がかかる」との批判がある。訴訟の長期化は社会的・経済的に立場の弱い原告側の負担が大きく、係争期間中に関係者が結果をみることなく物故という経過も珍しくない。もとより時間がかかる原因が裁判所の不適切な訴訟進行や、被告側（国・電力会社など）の引き延ばし戦術等であれば批判されるべきであるが、一方で原告側やその支援活動はいわゆる手弁当であり、なかなか迅速にはできない背景もある。理工系・技術系の検討では、一つの数字を確認するのに何週間も調査や計算が必要な場合もある。また各地域で活動する代理人（弁護士）の多くは原発訴訟専任ではなく、日常の案件で生計を立てながらの手弁当である。ふだんでも深夜や休日にメールが来たり、原告や市民団体との会議や集会は夜間・休日が多くなり、最近はリモート会議の普及でいくらか労力の軽減はあるものの年中無休になりがちである。労力と資金が潤沢な被告側のペースで進められては太刀打ちできないハンディキャップがあることも事実である。一方で国や発電事業者は、もともと不合理な事項をあえて正当化する主張をせざるをえないため、論争すればするほど矛盾・破綻が生じる。市民からの請求では開示されない情報でも裁判所の命令によれば開示されることもあり、新たな検討が可能となって他の訴訟で活用できる面もあり、いわゆる「勝ち負け」は別として訴訟の社会的意義は大きい。

また原発関連訴訟に限らないが日本の司法の閉鎖性は著しく、つい最近までは法廷の傍聴席でのメモすら禁止（報道席を除く）されていたが、外国人弁護士が最高裁まで争って一九八九年三月にようやく認められた。[*7] 外国人弁護士の訴訟を経なければメモすら取れなかった経緯も情けないが、さらに最近ではその訴訟の記録も含む重要な少年・民事事件等の記録が各裁判所で廃棄されていたことが明らかとなった。その弁護士は「彼ら［裁判所］が、国民が自分たちの行動を監視できないように暗闇で仕事することを好んでいるように見えます」と批判している。[*8]

差し止め訴訟の論点

原発の危険性を問う議論自体は無数にあるが、「危険だから」という主張だけでは訴訟として成立しない。運転差し止め訴訟として構成するためには、原発の重大事故に起因する原告の人格権侵害の立証という構成になり、その大元は日本国憲法第十三条である。憲法自体には「人格権」という文言はないが、内容は「生命、自由及び幸福追求に対する国民の権利」である。福島第一原発事故以前の訴訟は、原発自体の技術的な危険性が主な争点であったが、福島第一原発事故の経験を経て緊急時対応の実効性が争点として加わってきた。差し止め請求では、原告側がその「具体的危険性」を立証する必要がある。

民事訴訟の原則として、①放射性物質が存在すること、②事故が発生する蓋然性、③環境に放射性物質が放出されること、④放射性物質が原告へ到達すること、⑤到達した放射性物質が原告の生命・健康あるいは財産に重大な影響を与えることの五段階について原告側に立証責任が求められる。その際、事故は時間的に将来のできごとであるから、現に不法行為（放射性物質の放出など）が行われている事実関係や物的証拠の提示は不可能である。裁判所が人格権の侵害の「可能性」をどのように判断するかが大きな論点、あるいは差し止めを請求する側としては大きな障壁となる。逆に被告側では、①と④は物理的関係なので議論の余地はないが、②③⑤についてそれを否定する根拠を主張することになる。

この問題に関して引用される判決の例として、関西電力高浜発電所2号機運転差止請求事件における大阪地裁平成五年一二月二四日判決がある。それによると、差し止め請求が成立する要件として①人格権侵害による被害の危険が切迫しており、②その侵害により回復し難い重大な損害が生じることが明らかであって、③その損害が相手方（ここでは発電事業者）の被る不利益よりもはるかに大きな場合で、④他に代替手段がなく、差止が唯一最終の手段であることという四条件の成立を要するとしている。[*9] そして例示した訴訟では、被告（関西電力）は各種の安全対策を講じているから、人格権の侵害が発生するような可能性は立証されていないと判示している。これは他の多くの差し止め請求訴訟でも同様の理由によって請求が認められないケースが多い。これに対して次のような反論が可能である。まず引用した訴訟では、高浜発電所2号機（加圧水型）の蒸気発生器の伝熱管破損の可能性が主な争点であり、原告・被告双方の技術的論争の上で、裁判所は人格権の侵害が発生するような重大事故（放射性物質の大量放出）の可能性は立証されていないと判示した。しかしこれは通常運転時の材料劣化により発生する事故を対象とした議論であって、福島第一原発事故を経験し、地震・津波等の大規模な自然災害に起因する原子力緊急事態を対象とした議論において、前述のような成立条件を同じように適用することは妥当ではない。①については、「切迫」というからにはその発生時機について何らかの時間的な予見可能性が存在することが前提となる。原子力緊急事態の原因となりうる可能性の高い要因のうち、地震・津波等の大規模な自然災害は現在の科学的知見を以て予見不可能とされている。また原因はいずれにせよ航空機衝突も予見不可能であり、外敵攻撃等は予兆はあるとしても原子力事業者の所為によっては回避不可能である。こうした条件を考慮すれば、時間的な予見可能性は存在しないから「切迫」を立証する必要はなく、①の条件はそもそも構成要因にはなりえない。裁判としての枠組みは異なるが後述する「東電刑事裁判」の評価において担当弁護士は、現在の裁判所の判断では「明日大地震が来ることがわかっていない限り原発は安全対策を何もしなくていいということになりかねない」と指摘している。*10

②の回復し難い重大な損害については、現実に福島第一原発事故に起因して、人命・健康はもとより、経済的評価に限っても、回復し難い重大な損害は自明である。社会的な面においても、原発周辺の住民が自治体ごと避難して、一二年経過後の現時点でもまだ帰還できない地域が残存している。大阪地裁判決は福島原発事故前の判断であり、その当時においては「回復し難い重大な損害」の程度が実際よりはるかに過少に認識されていた背景を考慮しなければならない。

③については、発電事業者の利益と前述の重大事故の損害額を比較すればその成立は自明である。事業者の条件により利益は異なるが、原子力推進者によれば目安として、一基を一日稼働すれば一〜二億円の収益改善効果があり、年間では数百億円の価値を生み出すとしている。*11 それでも②の重大事故の損害額と比較すれば桁ちがいの乖離があり③の成立も自明である。④については、①でも述べたとおり地震・津波等あるいは航空機衝突・外敵攻撃等は発電事業者のいかなる作為によっても回避することは不可能であるから、危険性を除去するためには運転の停止以外の代替手段はなく、差止が唯一最終の手段である。

裁判所の理解不足

原告（控訴人・債権者）の運転差し止め請求を退けた各地域の判決はいずれも大同小異であるが、最近の傾向として緊急時対応を取り上げた事例について考える。第3章で示したように、原子力規制委員会でも深層防護の考え方については、第一層から第四層までプラント内での安全対策がいかに講じられていたとしても、第五層すなわち、放射性物質の影響を緩和する緊急時対応は独立に評価すべきであるという見解を表明している。しかしこの論点について裁判所の理解は進展していない。福島第一原発事故の経験から原子力防災対策が大きく見直された経過に照らして、裁判所の判断基準は更新されるべきである。

一例として、関西電力美浜3号機の運転差し止め仮処分申請[12]に対して、大阪地裁は二〇二二年一二月二〇日に、すべての論点について債権者（住民側）の請求を却下した。[13]論点としては①司法審査のあり方、②老朽化、③地震、④避難である。このうち②と③の構造面の検討について筆者は専門外なので触れない。裁判所の判断要旨では、避難の問題に関して深層防護の第一～第四層と第五層の関係について「人格権侵害の具体的危険が存在するか否かにおいて、第一から第四までの各防護レベルの存在を捨象して無条件に放射性物質の異常放出が生ずるとの前提を置くことは相当ではなく、本件では、債権者らが避難を要するような事態が発生する具体的危険について十分な疎明があるとはいえない」としている。

しかしこの判断は、原子力防災の原則、原子力規制委員会の公式な見解も無視して裁判所が独自に価値判断を行ったものであり、また時期的にも避難計画の不備を理由に東海第二の差し止めを認めた水戸判決の後であるにもかかわらず全く参照されていない。これは裁判官の理解不足あるいは意図的な政治判断である。もっとも「避難計画が不備である」ことについては否定できなかったようでもあり、債権者側が具体的危険について立証する必要があるという手続き論で逃げているとも言える。これに関しては、他地域の原告（債権者）側も、裁判官が避難の問題を無視できないような主張を構成するように、今後注意してゆく必要がある。

別の最近の事例として、東北電力女川原発2号機運転差止の訴訟[14]で、仙台地方裁判所は、二〇二三年五月二四日に原告の主張を退ける判決を示した。その内容は、論点に全く向き合わず裁判の体をなさないレベルの門前払いであった。避難計画の不備を理由に運転差し止めを認めた水戸地裁判決（二〇二一年三月）の主文は約八〇〇ページに及ぶのに対して、仙台地裁判決の主文は四五ページである。判決主文が長いほど良い判決とはいえないが、裁判とは、かりに裁判官が初めから請求棄却の心証を持っていたとしても「双方の意見をよく聞いて論理的に判断しました」という成り立ちが求められる。地裁の判決はそれもなく、事実上、被告（東北電力）側の書面を反復しただけの内容である。

同訴訟の原告は、原子力発電所の「深層防護」の考え方の第一層～第四層すなわち技術的・物理的対策を前提とすることなく、第五層すなわち「防災」の観点から、放射性物質の大規模な放出を前提とした防護対策が求められているにもかかわらず、国・地方公共団体いずれも緊急時対応計画は書面上では存在するものの実現可能性が乏しく、住民の生命・身体を放射線障害から防護する機能が期待できないことを指摘している。このため第一層～第四層の評価如何とは独立に、第五層に明らかな欠陥がみられる以上は人格権侵害が不可避であることを論点としている。

ところが判決はこの論点に言及せず、さらには原告が請求の原因としていない理由まで持ち出し、放射性物質が異常に放出されるような事故が発生する具体的危険が存在することについての主張立証が必要になるとして、深層防護の原則を無視あるいは誤認した判断を示している。原子力防災の評価にあたり「原発の具体的危険の立証」を原告側に求めることは、原子力防災ひいては自然災害も含めた防災全般の基本的理念を根底から覆すものである。

判決では「第五層に相当する避難計画に不備があるという場合に、直ちに放射性物質が当該原子炉周辺の環境に異常に放出される具体的な危険があることを示すものであるとか、これを当然の前提としたものであると解することはできない」との記載があるが、原告はそのような主張はしておらず、また第五層すなわち避難計画の欠陥が、第四層以前すなわち物理的・技術的側面に影響を及ぼすかのような関係は論理的にありえない。原告が主張していない請求の原因を裁判所が独自に立論し、それをみずから請求棄却の理由として採用することはきわめて不自然・不合理である。

判決では「しかし、上記のような［注・原告が主張する事故発生の危険のこと］本件2号機の運転に伴う事故発生の危険は抽象的なものといわざるを得ず、本訴訟において、本件2号機の運転により人体に有害な放射性物質が異常に放出される事故が発生する危険についての具体的な主張立証がなされていない以上、本件避難計画の実効性の有無にかかわらず、上記のような抽象的な危険をもって、人格権の侵害に基づく妨害予防請求としての本件2号機の運転の差し止めを認めることはできないというべきである」という。

しかし現に福島第一原発事故で放射性物質の大量放出が記録されているのに、技術的に同一の本件2号機について「抽象的な危険」という認識は極めて不合理である。また具体的な危険性とは放射性物質の大量放出のみに限定されるわけではない。「指針」によれば「所在市町村において震度六弱以上の地震が発生した場合」「同・大津波警報が発令された場合」は原子炉の運転・停止や放射性物質の放出の有無を問わず「警戒事態」に該当し「PAZ内の住民等の避難準備、及び早期に実施が必要な住民避難等の防護措置を行う」とされる。医療機関・福祉施設等においては移動あるいはその準備など、防護措置を必要とすること自体が「具体的危険性」にあたる。

避難計画の不備を裁判所が認めた事例

訴訟としては原告敗訴であるが、国の原子力防災会議における了承が実効性と関連がないことを裁判所が認めた例がある。伊方原発3号炉の運転差止仮処分に関する高松高裁決定*15（平成三〇年一一月一五日言渡）では抗告人の請求を却下した一方で、避難計画に不備が多いことを指摘している。同決定では「予防避難エリア［注・PAZ相当範囲のこと］内の住民全員を佐多岬半島外に避難させるほどの輸送力が確保されているとは認め難く」「放射線防護施設は、現在も予防避難エリア内の住民に遠く及ばない収容能力しかない上」「現在の本件避難計画は不十分な点が少なからず存在するといわざるを得ない」と指摘している。そして「もっとも、事案の性質に鑑み付言するに、前記のとおり、現状の避難対策には、対策が不十分で、改善が必要な部分が見られるのであるから、本件仮処分の結論とは別に、市町村、都道府県及び国において、適宜被告と協議するなどして、早急に周辺住民の避難対策に万全を期すべきことはいうまでもなく、この点の対策は、火山における破局的噴火や巨大噴火のように、社会通念を理由に、先送りすることは到底許されるものではない」と指摘している。

伊方地域の緊急時対応は二〇一五年一〇月六日に国の第五回原子力防災会議において安倍内閣総理大臣（当時）より「伊方地域の避難計画を含めた緊急時対応について、具体的かつ合理的なものとなっているとの報告を受け、関係自治体、関係省庁が参加した地域原子力防災協議会で確認したことを受けて、これを了承した」として、高松高裁決定よりはるか以前に「実効性が確認」されていたはずのところ、依然として裁判所から「不十分な点が少なからず存在する」と指摘される状態にとどまっている。すなわち国の原子力防災会議の了承はなんら避難計画の実効性とは関連しないことが具体例として示されている。

伊方原子力発電所1号炉設置許可処分取消訴訟に対する最高裁判決

・訴訟の経緯

全国の差し止め訴訟の中でも先発で行政処分取り消しを請求して一九七三年八月に松山地裁に提訴、一九七八年四月に請求棄却。高松高裁に控訴し、控訴審は一九八四年一二月に控訴棄却。さらに上告し最高裁で一九九二年一〇月に上告棄却。高裁係争中にスリーマイル島原発事故（一九七九年三月）、最高裁係争中にチェルノブイリ原発事故（一九八六年四月）が起きたが裁判所の判断には影響を及ぼさなかった。なお対象の1号機は二〇一七年に廃炉が確定している。

差し止めの請求でも、発電事業者に対する運転差止のほかに、国を相手方とした原子炉設置許可取り消し請求がある。原子炉の設置や運転を許可した行政庁の判断が不合理であるから許可を取消せという請求である。最終的に最高裁まで争われたが、判決（平成四年一〇月二九日）および「最高裁判所判例解説 民事篇 平成四年度」[*16]がしばしば引用される。請求は棄却されたが、改めてその内容を検討すれば、最高裁判決やそれに対する判例解説の内容は、現時点においてはむしろ住民側の主張を補強する内容ともいえる。

まず考慮すべきことは、この取消請求訴訟は提訴から一九九二年一〇月の最高裁決定まで二〇年経過しているが、提訴の時点では国内で茨城県の東海発電所（旧）ほか四基が稼働したのみであり、それらの電気出力も現代の標準型原発の半分以下であった。前述のように福島第一原発事故の前には「原子力損害の賠償に関する法律」に基づく賠償措置額の限度額が一二〇〇億円と想定されていたに過ぎない。
社会的な面においても、原発周辺市町村の住民全体が避難して、一二年経過後の現時点でもまだ帰還できない地域が残存し、帰還できた地域でも従前の生活に復帰できない状態が継続している。当該判例では「その危険性が社会通念上容認できる水準」との抽象的な文言となっているが、福島第一原発事故で現実に生じた経済的・社会的影響が「社会通念上容認できる」とはとうてい考えられない。
次に行政庁の判断が合理的であったかどうかの論点について重要な点は、当該判決は、安全審査の対象を基本設計に限定して解釈し、また行政に専門的技術判断に関する裁量を広範に認めているが、これでは「科学的、専門技術的見地から、十分な審査」を確認することはできない。また、原子力のように技術的な問題で司法の判断を求められる場合に、行政庁の処分（原子炉の設置許可の決定など）から時間が経過しているから科学的知見が更新されている可能性がある。行政庁の処分の時点で基準に合致していれば違法性はないという判断ではなく、裁判所は最新の科学的知見を参照して審査すべきであり、そこで安全を脅かすような看過しがたい過誤が見い出されれば、設置許可の取り消しなどを認定しうるとの解釈もある。[*17]また民事・行政訴訟では原告が立証責任を負う原則であるのに対して、原発訴訟では行政庁に対しても判断に不合理な点のないことを主張・立証するよう求めるなど、判断の枠組みを示した判例であるとの評価もある。[*18]
さらに技術的観点から考察すると、これまで国内外を問わず原発の重大事故の多くは「基本設計」すなわち原子炉本体や主冷却系の部分ではなく、核反応と直接には関連しない周辺装置が発端となっている。

その典型は福島第一原発事故であって、核反応の停止（制御棒の挿入）には成功したものの、補助発電機が起動しなかったことにより燃料溶融を招き放射性物質の大量放出に至った。補助発電機（ディーゼルエンジンで発電機を駆動）は以前から国内外で無数に使用されており、最新の科学的知見が必要といった技術ではない。ただそれが津波による冠水で機能を失ったというきわめて単純な経緯である。福島第一原発といえども行政庁が設置・運転を認可したにもかかわらず実際に福島原発事故が発生したこと自体が、行政庁の判断に過誤・欠落が存在したことの証明である。

また東北電力の女川発電所に関して、同原発の敷地は海抜一三・八mのところ、東日本大震災での津波は一三・五mに達し僅差で大惨事を免れた。これは一九九七〜九八年度に東北電力が原発専用港の浚渫工事を行い水深を四m掘り下げていたことが奏功した。その経緯は、女川3号機の着工前に地元住民から水深に関して再三指摘がなされたことに対応した工事であり[*19]、換言すれば東北電力も、安全審査を行ったはずの行政庁も見逃していた危険要因である。このように行政庁の審査が「科学的、専門技術的見地から、十分な審査」であることを前提にすることはできないことを示している。

福島第一原発事故以後、原子力規制委員会が適合性審査を行うこととなったが一般に「合格」と通称される審査は、事業者が提示する手順や方針について審査したのであって、それが緊急時に実行されるか否かについては何も評価していない。行政庁の審査が、住民の人格権侵害をもたらすような放射性物質の大量放出を引き起こさないということは何ら担保されていない。前述のとおり規制庁は、新規制基準への適合性審査にあたり「安全」という確認は行っていない。原子炉安全専門審査会・核燃料安全専門審査会は「原子力規制委員会が目指す安全の目標と、新規制基準への適合によって達成される安全の水準との比較評価（国民に対するわかりやすい説明方法等）について」において、たとえばセシウム137の放出量が一〇〇テラベクレルを超えるような事故の発生頻度が一定の確率以下になるよう目標を定めているものの「規制基準に適合した施設における事故の発生確率そのものは審査で確認していない」[*20]としているとおりである。

前掲の判例解説では「相対的安全性の考え方」が提示され「科学技術を利用した各種の機械、装置等（たとえば、自動車、飛行機、鉄道、船等の交通機関、医薬品、電気器具、ガス器具、レントゲン等の医療用の放射線利用等）は絶対に安全ではないが、危険性が社会通念上容認できる水準以下であると考えられる場合に、その程度と利用により得られる利益の大きさの比較衡量の上でこれを利用している」としている。

当該判例解説でいう「一応安全」「社会通念上容認できる水準」等は抽象的であるが、それは平常時における原子力の利用が対象であって、福島第一原発事故で現実化した被害は、事故処理費用が東電の試算だけでも二二兆円に達するとか、市町村の住民全体が避難して一〇年以上も帰還できないというレベルである。解説で列挙されている「自動車、飛行機、鉄道、船等の交通機関、医薬品、電気器具、ガス器具、レントゲン等の医療用の放射線利用等のような、平常時の利益と比較衡量するような対象ではないことは明らかである。

運転差し止め・停止を認めた判決

① 関西電力大飯3・4号機運転差し止め[*21]

・訴訟の経緯

二〇一三年三月に運転差止を請求し福井地裁に提訴。二〇一四年五月に運転差止命令。被告は控訴し、二〇一八年七月に名古屋高裁で一審取消、請求棄却。

大飯原発3・4号機運転差し止め訴訟の平成二六年五月二一日判決では、主に耐震性の論点について原発の危険性そのものを認定した。「大きな自然災害や戦争以外で、この根源的な権利［注・原告が主張する人格権］が極めて広汎に奪われるという事態を招く可能性があるのは原子力発電所の事故のほかは想定し難い」、また同判決主文において「原子力発電においてはそこで発出されるエネルギーは極めて膨大であるため、運転停止後においても、電気と水で原子炉の冷却を継続しなければならず、その間に何時間か電源が失われるだけで事故につながり、いったん発生した事故は時の経過に従って拡大して行くという性質を持つ。このことは、他の技術の多くが運転の停止という単純な操作によって、その被害の拡大の要因の多くが除去されるのとは異なる原子力発電に内在する本質的な危険である」と指摘している。なお同訴訟では避難計画の実効性は論点としていない。詳細は訴訟担当であった裁判長（現在退官）の著書[*22]を参考にしていただきたい。

② 日本原子力発電東海第二発電所運転差し止め[*23]

・訴訟の経緯

当初は一九七三年一〇月に国を被告として水戸地裁に設置許可処分取り消しを請求、一九八五年六月に請求棄却。同年七月に東京高裁に控訴、二〇〇一年七月に請求棄却。同月に最高裁へ上告、二〇〇四年一一月に上告棄却。二〇一二年七月に国と日本原電を被告として、設置許可処分取り消し（国）と運転停止（日本原電）を請求して水戸地裁に提訴。二〇二一年三月一八日に水戸地裁は、原告の運転差し止めの請求を認める。原告・被告双方が控訴し、東京高裁で係争中。

東海第二発電所運転差し止め訴訟（二〇一二年提訴）において、水戸地裁は二〇二一年三月一八日に、原告の運転差し止めの請求を認める判決を示した。判決では、深層防護の観点でいえば第1～第4層にかかわる争点（基準地震動の想定妥当性、設備の耐震性、基準津波の想定妥当性やその影響、火山、事故対策や管理、東海再処理施設との複合災害）については原告の主張を退けた。これは審査基準に不合理な点があるとは認められず、また原子力規制委員会の適合性判断において看過し難い過誤、欠落は認められないとするものである。

一方で第5層に関しては、避難計画など緊急時対応の不備あるいは困難性を指摘したうえで、「本件発電所のPAZ及びUPZにおいて、原子力災害対策指針の定める段階的避難等の防護措置が実現可能な避難計画及びこれを実行し得る体制が整えられているというにはほど遠い状態」として、人格権侵害の具体的危険があると判示した。ただし深層防護自体は法的に明文化されていないため、今後の展開としては「単なるガイドラインであり強制力はない」と上級審が判断する可能性があり、第5層での差し止めは困難になる。[*24]

なお同判決では「UPZ外の住民との関係においては、原子力災害対策指針において防護措置等の対策をあらかじめ講じておくことまでは要求されていないのであるから、深層防護の第1から第4の防護レベルが達成されている場合には、具体的な避難計画の策定がされていないことをもって、直ちに人格権侵害の具体的危険があるということはできない」としている。しかし「原子力災害対策指針」の制定当初はUPZ外も「PPA（Plume Protection Planning Area、プルーム通過時の被ばくを避けるための防護措置を実施する地域）」として緊急時対応の対象とされており、現象としても放射性物質が三〇kmで止まるわけではなく、人格権侵害の可能性がないということはできない。

UPZ内で避難（OIL1）あるいは一時移転（OIL2）とされているのと同じ条件（空間線量の一定値）がUPZ外で発生した場合には避難や一時移転対象にならないとするのは明らかに不整合である。第4章で指摘するように、規制庁が屋内退避推奨の根拠とした試算と同じ条件で試算しても、UPZのはるか圏外でもOIL2が出現する。かりにUPZ圏外を当事者から除外したとしても「避難しても避難先がまた避難対象になる」とすれば避難者の「平穏な生活」は脅かされる。判決では原告側の主張である「平穏な生活（生活基盤）等が脅かされない権利」自体は認めているのであるから、「指針」が定める避難条件に該当するような状況は明らかに「平穏な生活」を脅かしている。いずれにしても混乱を生じている最大の原因は「住民を守る」視点に欠けた原子力防災政策の不備・不整合であり、国・自治体・発電事業者の「深層無責任体制」である。

③高浜3・4号機の運転停止（大津地裁仮処分）

・訴訟の経緯

国内で初めて稼働中の原発の運転停止が命令された事例。高浜原発をめぐっては福井県と滋賀県で複数の訴訟があるが、ここでは滋賀県分を取り上げる。二〇一一年八月に住民が大津地裁に運転停止仮処分を申請（一回目）、同年一一月に却下。二〇一五年一月に住民が再度仮処分を申請（二回目）、二〇一六年三月九日、高浜3・4号機運転差し止め仮処分が決定され、実際に高浜3号機の運転が停止された（訴訟では被告が控訴すると判決は効力が停止するが、仮処分では効力が即時発生する）。

主な争点は（1）過酷事故対策、（2）耐震性能、（3）津波対策、（4）避難計画、（5）保全の必要性である。なお「保全」とは技術的なメンテナンスの意味ではなく停止命令の手続きである。（1）について、関西電力は新規制基準に合致していれば安全性は担保されると主張したが、決定では福島第一原発事故の原因究明は未だ途上であり、この状態では不安が残るとした。（2）について、関西電力は新規制基準に対応して基準地震動を設定し耐震安全性を確認していると主張したが、決定では断層の情報の不足や、基準地震動の妥当性確認の不足を指摘した。（3）について、関西電力は若狭湾で原発に危険を及ぼすような津波は発生しないと主張したが、決定では過去に津波の存在を示す痕跡が確認されているとした。（4）について、決定では避難対策は関西電力の責務ではないとする一方で、国に対して避難計画を包括した規制基準の策定が望まれるとしている。ただし関西電力にも避難計画を含んだ安全対策に留意する必要があるとしている。（5）について、安全対策や検討が十分でなく住民の人格権が侵害される可能性が高いまま現に原発が再稼働したことに対して停止命令の必要があるとの判断である。一連の内容は新規制基準の内容の妥当性にも踏み込み、原子力防災に関する論点のほとんどが盛り込まれている。

この決定で興味深い点は、一回目の仮処分申請では同じ裁判長が申請を却下しているのに、二年後に正反対の判断を示したことである。その理由として、一回目の申請では、新規制基準は未だ熟度が低く、また避難計画も未整備であるような状態で、原子力規制委員会が再稼働を容認するとは考えられないので運転停止命令の必要性はないとした。しかし二回目の申請では、前回の前提に反して、原子力規制委員会も政府も拙速に再稼働を認めてしまったので保全の必要があると判断を変更したものである。すなわち当事者の関西電力に対してよりも、原子力規制委員会や政府を強く批判したものである。

東電株主代表訴訟[*25]

・訴訟の経緯

二〇一二年三月五日に、東電株主ら四二名を原告として、東電取締役ら二七名を被告として提訴。二〇二二年七月一三日、東京地裁は被告のうち四名に対して、連帯して総額一三兆三二一〇億円の損害賠償支払いを命じる。被告・原告双方が控訴し、本書執筆時点で東京高裁で係争中。[*26] 訴訟は「経営者の任務懈怠《けたい》により会社（東京電力）に損失を与えた」とする構成であり、被害者に対する損害賠償ではない。

原発関連訴訟の中では例外的な構成であるが「東電株主代表訴訟」がある。これは東京電力の株主代表ら四七名の原告が、旧経営陣五名を被告として、被告の注意義務違反により東京電力に損害を被らせたとして会社法に基づき総額二二兆円の損害賠償を請求した訴訟である。二〇二二年七月一三日、東京地方裁判所は被告のうち四名に対して、総額一三兆三二一〇億円の損害賠償支払いを命じた。これは、損害賠償で懲罰的な高額判決がしばしばみられる米国でも例のない異例の巨額である。

後述の刑事裁判とも共通であるが、争点を要約すると次のとおりである。福島第一原発では、原子炉建屋・タービン建屋等の直接的な設備が海面上一〇m地盤に、また海水ポンプなど間接的な設備が同四m地盤に設置されていたところ、二〇〇八年以降に津波高さが一五・七mとの予測が示されたにもかかわらず旧経営陣は対応した措置を講じなかった。経緯が辿れる事実関係としては、二〇〇二年七月に政府の「地震調査研究推進本部」が、三〇年以内にM８クラスの津波地震が二〇％の確率で発生する可能性があるとの長期予測を公開した。二〇〇八年一月に、東京電力本店の原子力設備管理部は、この長期評価に基づく津波高さの計算を関連会社の東電設計に依頼した。この時の設備管理部長が奇しくも後に福島第一原発の所長として東日本大震災に遭遇した吉田昌朗であった。依頼された東電設計は、津波高さが一五・七mすなわち原子炉建屋にまで達する予測結果を東京電力に提出した。しかし同年七月に東電の経営陣は対策を保留し、別に土木学会に検討を依頼する方針を示した。その後、いくつかの経緯[*27]があるが、対策を先送りしたまま東日本大震災を迎えた。

判決では、浸水の可能性を念頭に主要建屋の開口部に防水扉を設置するなど防護措置（水密化）を講じていれば事故を防げたと認定し、この措置を指示しなかった被告の任務懈怠《けたい》であると判断した。この訴訟は住民が当事者ではなく、運転差し止めにも直接には関連しないが、判決では「原子力発電所において、一たび炉心損傷ないし炉心溶融に至り、周辺環境に大量の放射性物質を拡散させる過酷事故が発生すると、当該原子力発電所の従業員、周辺住民等の生命及び身体に重大な危害を及ぼし、放射性物質により周辺環境を汚染することはもとより、国土の広範な地域及び国民全体に対しても、その生命、身体及び財産上の甚大な被害を及ぼし、地域の社会的・経済的コミュニティの崩壊ないし喪失を生じさせ、ひいては我が国そのものの崩壊にもつながりかねない」と述べている。これはまさに差し止め訴訟における要件の「回復し難い重大な損害」を所与の前提として述べている。なお旧経営陣は判決を不服として控訴し、また原告側も主張が認められなかった部分を不服として同時に控訴している。この訴訟の詳細については河合弘之らの著書[*28]等を参照していただきたい。

ただこの判決に関しては別の側面で懸念もある。株主代表訴訟の被告は東電の経営陣であり、いわば民間人同士の争いなので国の責任を問うものでもなく、裁判所としては「どうぞご自由に」という立場ともいえる。むしろ国の責任に波及しないように全責任を東電に押しつける全体シナリオの一環という性格もある。ゼネコン系のネットメディアには同判決を支持する記事が掲載され、東京地裁が保守的な上級審に忖度せず原告側の主張を認めた判決を言い渡した英断として前向きに評価している。[*29] しかし「原子力ムラ」のステークホルダーであるゼネコン業界がこの判決を歓迎する背景は何だろうか。二〇二三年七月二七日に政府は「GX（グリーントランスフォーメーション）会議」を発足し、岸田首相はエネルギー危機や脱炭素を口実に原発再稼働を推進する方針を示した。[*30] 一方でゼネコンや機器メーカーは原子力災害に対しては責任を問われない。たとえば堤防の高さが不足していたとしても、それは電力会社の指示どおりの寸法で設置したのであって、施工ミスや機器の不良などがないかぎり「言われたからやりました」という立場である。「安全」を名目とする工事などが発生すればするほど受注が増える。しかも「原子力仕様」として普通の工事よりも高い単価を請求できる。ただしそうした背景があるとしても、株主代表訴訟で開示・摘示された多くの証拠は貴重であり他の原発関連訴訟にも活用が期待される。また一連の経緯からは、原子力発電は他の発電方式では必要のないコストがかかり経済的にも有利ではないという結論も導かれる。

東電刑事裁判[*31]

・訴訟の経緯

原発関連の訴訟の中では例外的な刑事裁判である。東京電力の元役員三名を被告として、津波対策を怠って福島第一原発事故を惹起し、死傷者を発生させたとして業務上過失致死傷事件として起訴した。まず二〇一二年六月に住民により告訴・告発がなされたものの不起訴（検察により）となり、その後に検察審査会を経て二〇一六年二月に指定弁護士により強制起訴。二〇一九年九月一九日に東京地裁で無罪判決、同三〇日に指定弁護士が控訴。二〇二三年一月一八日に東京高裁で無罪判決、同二四日に指定弁護士により最高裁に上告、本書執筆時点で係争中。

本件は刑事事件として構成され、前述の民事事件（損害賠償）とは枠組みの違いがあるが、基本的な論点は株主代表訴訟と共通である。津波対策の必要性が東電社内でも指摘されていたのに経営陣が津波対策を意図的に回避した点である。詳細は福島原発刑事訴訟支援団のウェブサイト[32]、海渡雄一らによる解説[33]を参照していただきたい。なお最初の不起訴決定後、二〇一三年九月には告訴団（北陸）に対して一四九万通の電子メールが送りつけられる事件が発生している（第8章参照）。

多数の損害賠償請求事件と二〇二二年六月の最高裁判決

・訴訟の経緯

避難者による賠償・救済に関する訴訟（集団訴訟）が多数提起されている。訴訟の構成として東京電力の責任を問うのは当然であるが、国の責任（規制権限の不行使）については個々の訴訟によって対象とするケースとしないケースがある。東京電力の責任については上級審まで一致して認められている一方で、国の責任については各地裁・高裁の判断は分かれている。二〇二二年六月一七日の最高裁判決の重要な動きがあった。対象の四訴訟（千葉・群馬・なりわい・愛媛）について東京電力の責任は認めたが、国の責任を認めなかった。

前述の株主代表訴訟の直前、二〇二二年六月一七日には、福島第一原発事故の避難者らによる集団訴訟に対して最高裁は、国が規制権限を行使しなかったことについて国の責任は認めないとの判決（ただし四人の判事のうち一人が反対意見）を示した。対象の訴訟は、事故に関する国の責任を問う四訴訟である。事故以前に国内で原子炉施設の主たる津波対策として、敷地の浸水を前提とした防護措置（水密化）が採用された実績があったとはうかがえない（いわゆる「後知恵」説）と指摘した。防潮堤と併せて他の対策を講じることを検討した蓋然性があるとは言えないと断じている。ただし担当の判事四名のうち三浦守判事のみが「国に責任がある」と少数意見を示した。

この判決に関しては、判決の内容とともに裁判体の構成そのものに重大な疑惑が指摘されている。後藤秀典（ジャーナリスト）が綿密な取材に基づいて記事を執筆し[*34]、また書籍として刊行している[*35]。最高裁では裁判官自身が判決を書く例は少なく、多数の調査官（身分は裁判官）がいわば下書きのような「意見書」を担当の裁判官に提示し、それをもとに判決が書かれる。ところが原告・避難者の代理人（弁護士）によると、今回の判決は調査官が書いたものではないように思えるという。

誰が書いたかは公開されないので推測になるが、いくつかの情報を総合すると、調査官による意見書は「国に責任がある」という趣旨であったと推定される。また少数意見の三浦判事はそれに従って「国に責任がある」と述べているという。

すると誰がどこでそれを覆したのかが注目されるが、後藤は今回の判決にかかわった関係者の経歴などを追跡して判決に至った経緯を分析している。ここで関与するのが日本で「五大法律事務所」と呼ばれる組織である。こうした大手法律事務所の顧客は国や企業であり、被害者側に対しては敵対する立場で活動する。同判決の裁判長である菅野博之は判決の直後に退職し、大手法律事務所の一つの「顧問」に就任している。また原子力規制庁の職員が退職した直後に東電の代理人になっているケースもあった。記事によると、国・最高裁・東電・関連企業・大手法律事務所が密接に連携して、最高裁判決に関与している可能性がある。

こうした背景から、前述のように判決の構成自体が不自然という点も、客観的な証拠はないとしても推測できる。裁判官の来歴や背景により判決が影響されるケースがみられる（本来はあってはならないが）ことから、弁護士は常に裁判官の人事・異動などに注目しているが、今回の判決の背景は、弁護士でも「そんなことがあるとは知らなかった」と驚く内容であったという。今後、損害賠償にかぎらず各地の原発関連訴訟では、地裁から高裁までの結果がいずれであっても最高裁まで継続する可能性があるが、こうした枠組みの下では司法の独立性・中立性が期待できるのか懸念される。また最高裁判事の人事への政府の介入が安倍政権で特に顕著となったことが指摘されている。[*36]

第3章でも触れたように二〇二〇年前後から原子力推進の政治的圧力が高まった。後藤秀典（前出）は、二〇二〇年ころまで少なくとも表向きは低姿勢だった東京電力が、ある時期から被害者に対する攻撃的な姿勢に転換したと指摘している。[*37] これは政府の原発推進政策と同調している。東電側の代理人は被害者に対して「事故とは関係ない経済的な理由から、自主的に転居した」と攻撃した。また被告（国）の代理人が詭弁としか言いようのない主張を展開している例がある。

事故で避難指示が出されなかった区域からの避難者（区域外避難者、いわゆる「自主避難者」）で群馬県内に避難している原告が、国と東京電力に対して損害賠償を求めた集団訴訟の事例がある。この中で国側の準備書面（法廷での弁論に先立ち、双方の主張の論拠などを文書でやり取りする手続き）では「避難指示が出されていない区域からの避難を二〇一二年一月以降も続けていることは、現在そこに居住している住民の心情を害するとともに、我が国の国土に対する不当な評価である」として避難自体が不当であるかのように主張していた。[*38]

子ども甲状腺がん裁判[*39]

・訴訟の経緯

二〇二二年一月二七日、福島第一原発事故が原因で甲状腺がんに罹患したとして、七人の原告が東京電力に損害賠償を求める訴訟を提起した。係争中で結果は未定。

原発災害に起因する損害賠償の事案であるが、他の避難関連の訴訟と異なるのは、福島第一原発事故により放出された放射性物質が原因で甲状腺がんに罹患したことに関して、逸失利益その他の社会的不利益に対する慰謝料としての損害賠償請求である。小児甲状腺がんは通常年間に一〇〇万人に一～二人しか発症しないとされているところ、福島県ではこれまで発見されただけでも三八万人の子どもから約三〇〇人発生している。このため原発事故との関連が疑われて当然であるが、印象だけでは訴訟として成立しないので因果関係の立証が主な争点となる。これは過去の産業公害裁判や道路公害裁判と共通する枠組みであるが、科学的手法として「疫学」が適用される。疫学とは統計学の応用であり、個人ではなく集団としての疾患と原因の因果関係を検証する分野である。たとえばヘビースモーカーでも生涯何の影響も発現しない人が存在するからといって、喫煙は無害であるという証明にはならない。あるいは環境汚染と健康被害の関係、医薬品の効果と副作用、薬害などを客観的なデータとして扱う分野である。被告側は「放射性物質と甲状腺がんの因果関係はない」と反論しているが、これをいかに突き崩すかがポイントである。

まず、原告らの被ばく量（放射性ヨウ素による甲状腺等価線量）の推定であるが、ヨウ素131自体は数週間で消滅してしまうので、事後には直接測定する手段がない。東京電力は「原子放射線の影響に関する国連科学委員会（UNSCEAR《アンスケア》）」による拡散シミュレーションを援用して、原告らの甲状腺等価線量は一〇mSv以下であると主張している。しかし第4章で触れたように、精緻なシミュレーションを行ったとしても実測値との照合では大きな差を生ずることは珍しくない[＊40]ことに注意すべきである。一方で原告側は、事故時の実測データを基にした解析により被ばく量は少なくとも六〇mSvを超えるはずであると主張している。なお以上の説明は簡略化しているので、詳細は裁判書面[＊41]に記載されているので参照願いたい。そもそもシミュレーションとは、実測値が得られない場合、すなわち計画時や事故時の予測など実測値の取得が原理的に不可能な場合、あるいはモニタリング機器の未設置や不具合で実測値が得られなかった場合などに代替手段として利用する手段である。実測値があるのにそれを利用せず重要な判断を行う合理的な理由はない。現に福島第一原発事故で、どの炉から、いつ、どのくらい放射性物質が放出されたかは、実測値を手がかりとして逆算として推定したものである。これよりすれば、本件訴訟における被ばく量の推定も実測値によるべきことは明らかである。前述のように東京電力はUNSCEARによる推計を採用しているが、前述（第4章）で紹介したIAEAの資料[＊42]によれば、UNSCEARはヨウ素131の放出量を一二四PBq（ペタベクレル）と推計している。一方で同資料によれば東京電力自身では五〇〇PBqと推計している。ある地点における放射性物質のプルーム中濃度や地表汚染密度はおおむね放出量に比例するが、シミュレーションを根拠とするにしても、放出量に関して自身の推計を採用せず、数分の一の放出規模となるUNSCEARを採用して主張している点でも東京電力の主張は首尾一貫しない。

また疫学的な論点すなわち被ばくと因果関係について東京電力は、福島県が二〇一一年一〇月から現在まで実施中の「県民健康調査」[*43]、環境省が実施した「福島県外三県における甲状腺有所見率調査結果」[*44]、前述のUNSCEAR報告書等を援用して、因果関係はないと主張している。「県民健康調査」では、三〇〇以上の症例が発見されたのは大規模な検査を行った結果として発症に至らないがんが発見された結果（いわゆる「過剰診断説」）であって事故との因果関係は確認されていないと評価している。また三県の調査とは、福島第一原発事故に起因する放射線の影響がなかったと考えられる青森県弘前市・山梨県甲府市・長崎県長崎市での検査と比較して有意な差はなかったのでやはり事故との因果関係は確認されていないと評価している。これに対して原告側は、各々の報告について不適切なデータの取扱い、解釈の誤り等を指摘し、疫学的な検討によって因果関係は確認できることを主張している。これらの詳細については研究者の解説等[*45]を参照願いたい。また疫学の基本知識については市民向け解説書[*46]がある。同書は二〇〇三年の刊行であるが、二〇二〇年以降の新型コロナでのマスクの有効性論争を先取りしたようにSARS（重症急性呼吸器症候群・二〇〇三年春）でのマスク効果の疫学的検討を紹介していた。同著者の津田敏秀が本訴訟では原告側専門家として協力している。

この訴訟は事故後一〇年以上経ってからの提起である。これは、避難者に対する差別があり、自分が甲状腺がんに罹患したことを人に言えず、罹患時は子どもであったことなどの状況もあって行動できなかったなどの背景が語られている。また三〇〇人の罹患者がいて原告が七人しかいないことについて、国・県・東京電力が福島第一原発事故による健康被害はないと主張しているところから、健康被害を訴えるとバッシングを受けるなどの社会的圧力が作用しているとの指摘がある。一連の訴訟の詳細は支援団体ウェブサイトや海渡雄一らによる解説[47]を参照していただきたい。

注

1 脱原発弁護団全国連絡会「全国脱原発訴訟一覧」および「係争中の原発裁判」ウェブサイト。http://www.datsugenpatsu.org/bengodan/list/

2 日本弁護士連合会『弁護士白書』二〇一九年版、一四〇頁。以後の白書には一覧の記載がないため最新のデータではない。

3 福島原発刑事訴訟支援団ウェブサイト。https://shien-dan.org/

4 平成二四年（ワ）第六二七四号損害賠償請求事件、同第二〇五二四号、同第三〇三五六号、平成二五年（ワ）第二九八三五号共同訴訟参加事件判決要旨。

5 海渡雄一『原発訴訟』岩波新書、二〇一一年。

6 神戸英彦『福島第一原発事故後の民事訴訟』法律文化社、二〇二一年。

7 日本弁護士連合会「裁判傍聴メモ採取不許可国家賠償請求事件判決について」https://www.nichibenren.or.jp/document/statement/year/1989/1989_3.html

8 久保田正広「傍聴席でメモは禁止?」「西日本新聞ｍｅ」欄、二〇二〇年二月二六日。

9 判例時報社『判例時報』第一四八〇号、一九九四年三月一一日号、一八頁。

10 海渡雄一・大河陽子『東電刑事裁判 問われない責任と原発回帰』彩流社、二〇二三年、二五頁。

11 日本原子力学会『日本原子力学会誌』二〇二三年六号、三頁。

12 美浜3号機運転禁止仮処分命令申立事件（大阪地方裁判所令和三年（ヨ）第四四九号）決定、令和四年一二月二〇日。

13 各種資料は「福井から原発を止める裁判の会」ウェブサイトより。http://adieunpp.com/takahama/miham a3documents/221220ketteiyousi.pdf

14 仙台地方裁判所・令和三年（ワ）第六七三号　女川原子力発電所運転差止請求事件。

15 平成二九年（ラ）第一〇〇号　伊方原発3号炉運転差止仮処分命令申立却下決定に対する即時抗告事件（原審：松山地方裁判所平成二八年（ヨ）第二三号）

16 （財）法曹会「最高裁判所判例解説 民事篇 平成四年度」三九九頁。

17 海渡雄一「独立した司法が原発訴訟と向き合う③—伊方原発最高裁判決の再評価　福島原発事故を繰り返さぬための裁判規範を求めて—」『判例時報』第二三五四号、二〇一八年二月一一日。

18 大橋洋一 編『行政法判例集Ⅰ 総論・組織法』有斐閣、二〇一九年、三三三頁（山本隆司担当）。

19 河北新報「原発漂流・合意の探求　対話の先に」二〇二一年四月九日。

20 原子炉安全専門審査会・核燃料安全専門審査会「原子力規制委員会が目指す安全の目標と、新規制基準への適合によって達成される安全の水準との比較評価（国民に対するわかりやすい説明方法等）について」平成三〇年四月五日。https://www.nsr.go.jp/data/000227853.pdf

21 平成二四年（ワ）第三九五号．平成二五年（ワ）第六三号「大飯原発三、四号機運転差止請求事件」。

22 樋口英明『私が原発を止めた理由』旬報社、二〇二一年、同『南海トラフ巨大地震でも原発は大丈夫という人々』旬報社、二〇二三年。

23 平成二四年（行ウ）第一五号東海第二原子力発電所運転差止等請求事件。

24 「水戸地裁　勝利判決をうけて（東海第二原発運転差止め訴訟）」河合弁護士講演、二〇二一年四月一六日。https://www.youtube.com/watch?v=_ZicQTYsC8U&t=4687s

25 平成二四年（ワ）第六二六四号ほか　損害賠償請求訴訟。

26 令和四年（ネ）四六〇一号。
27 島崎邦彦『3・11大津波の対策を邪魔した男たち』青志社、二〇二三年。
28 河合弘之・海渡雄一・木村結編著、只野靖・甫守一樹・大河陽子・北村賢二郎著『東電役員に一三兆円の支払いを命ず！』旬報社、二〇二二年。東電株主代表訴訟ウェブサイト。https://tepcodaihyososho.jimdosite.com/
29 谷川博「東京地裁『原発事故は防げた』、最高裁の津波対策〝後知恵〟説を論破」『日経クロステック』。https://nkbp.jp/3ouorrb
30 時事通信「原発フル活用へ布石　岸田首相、新増設も視野か―GX会議」。https://www.jiji.com/jc/article?k=2022072700995&g=eco
31 原審・平成二八年刑（わ）第三七四号　業務上過失致死傷被告事件。
32 「福島原発刑事訴訟支援団」ウェブサイト。https://shien-dan.org/
33 海渡雄一・大河陽子『問われない責任と原発回帰』彩流社、二〇二三年。
34 後藤秀典「国に責任はない　原発国賠訴訟・最高裁　判決は誰がつくったか」月刊『経済』二〇二三年五月。
35 後藤秀典『東京電力の変節　最高裁・司法エリートとの癒着と原発被害者攻撃』旬報社。
36 『朝日新聞』「安倍内閣が崩した最高裁判事選びの『慣例』六年経て『元通り』に」二〇二三年一一月七日。
37 後藤秀典『東京電力の変節　最高裁・司法エリートとの癒着と原発被害者攻撃』旬報社、二〇二三年。
38 平成二九（ネ）第二六二〇号損害賠償請求控訴事件・国側第八準備書面、二〇一九年九月一一日、一七頁。
原子力損害賠償群馬弁護団ウェブサイトより。https://gunmagenpatsu.bengodan.jp/
39 令和四年（ワ）第一八八〇号　損害賠償等請求事件。
40 山澤弘美「大気拡散計算の役割と制約 原子力事故時に役立つ計算は可能か?」『日本原子力学会誌』五五巻

一二号、二〇一三年、七〇七頁。

41　令和四年（ワ）第一八八〇号　損害賠償等請求事件、黒川第一～第三意見書（甲全第一三一、一三三、一七八号証）九。

42　IAEA "The Fukushima Daiichi Accident Technical Volume 1 Description And Context Of The Accident", 2015, p.151. https://www-pub.iaea.org/MTCD/Publications/PDF/AdditionalVolumes/P1710/Pub1710-TV1-Web.pdf

43　福島県「県民健康調査」https://fukushima-mimamori.jp/outline/

44　環境省「福島県外三県における甲状腺有所見率調査結果について」https://www.env.go.jp/press/16520.html

45　津田敏秀「福島原発事故と小児甲状腺がんとの因果関係について」『科学』九二巻四号、二〇二二年、三〇六頁。

46　津田敏秀『市民のための疫学入門』緑風出版、二〇〇三年。

47　「3・1・1甲状腺がん子ども支援ネットワーク」ウェブサイト https://www.311support.net/

7 地域のトピックス

地域の特異性

筆者はいくつかの地域について住民の観点から緊急時対応の評価を行い、各種被害の推計などを行ってきた。このため住民の方やメディアからしばしば「当地域は他の地域と比べて、緊急時対応の困難性などでみた場合、どのような特異性があるか」「当地域の緊急時対策（避難計画など）は、他地域に比べて優劣があるか」という質問を受ける。たしかに愛媛県の伊方や宮城県の女川のように、半島部に立地していて避難時に原発に近づく経路で移動しなければならないケースや、茨城県の東海第二のように周辺の人口が多いケースなど、緊急時対応に困難をもたらす個別的な要因はある。また緊急時対策（避難計画など）に関して、地域・立地自治体ごとのいわゆる「熟度」の差は多少はある。しかし放射性物質が環境中に大量に放出される原子力緊急事態が発生した場合に、住民の被ばくを避けることができるのかという観点で評価すれば大差がない。緊急時対応の「実効性」という点ではいずれの地域も疑問があり「模範」とすべき事例は見い出すことができない。いずれの地域でも、県・市町村の緊急時対応は「○○するものとする」という記述に終始し、実効性のある計画というよりも「検討項目の列挙」にとどまるケースがほとんどである。「ひな形」の固有名詞を置きかえただけの書面もしばしばみられる。こうした背景から本章では、各地域に特有の事情や注目される取りくみ等を紹介するが、多くは他地域にも共通の課題であり、地域の実情に置きかえて参考にしていただきたい。

新潟県の「三つの検証」

新潟県は「柏崎刈羽原発の再稼働の議論の前に、何が原因で福島第一原発事故が起こり、それが住民にどのような影響をもたらしたのか検証が必要」との考えにもとづき、三つの検証委員会を設置した。[*1] これは「新潟県原子力発電所の安全管理に関する技術委員会」（以下「技術委員会」）・「新潟県原子力災害時の避難方法に関する検証委員会」（以下「避難委員会」）・「新潟県原子力発電所事故による健康と生活への影響に関する検証委員会」（以下「健康・生活委員会」）および「健康分科会」「生活分科会」から成る。このうち技術委員会は福島第一原発事故以前の二〇〇三年二月から設置されていたが、二〇一二年三月に改めて泉田裕彦知事（二〇〇四年一〇月～二〇一六年一〇月）の要請を受けて同事故の検証に着手した。また避難委員会・健康・生活委員会および各委員会をまとめる総括委員会は米山隆一知事（二〇一六年一〇月～二〇一八年四月）の要請を受けて設置され、次期の花角英世知事（二〇一八年六月～二期目）に継承された。

各々の委員会について述べると、技術委員会（福島第一原発事故の検証）は二〇一二年三月に開始し、二〇二〇年一〇月に終了した。避難委員会は二〇一七年九月に開始し、二〇二二年九月に終了した。健康分科会は二〇一七年八月に開始し、二〇二三年三月に終了した。生活分科会は二〇一七年八月に開始し、二〇二一年三月に終了した。この間、新型コロナによる進行の遅滞があったが、各々の委員会・分科会は終了時に県に報告書を提出した。筆者はこのうち避難委員会に参加した。なお総括委員会に関しては、第一回（二〇一八年二月）と第二回（二〇二二年一月）が開催され、それ以降は開催されていない。

総括委員会の池内了委員長（元）は、各委員会の報告書を受けて改めて原発の安全性を議論する必要があると主張していたが、県は総括委員会での具体的な議論は求めないとして意見の対立が続いていた。最終的に県は、二〇二三年三月に期限となる委員長の任期を更新せず、三つの検証の最終報告書が揃った以降の総括委員会は開催されないまま終了した。

県は総括委員会を開催しない理由として「目的に沿った実施に至らなかった」としており、代わって県による「総括報告書」を取りまとめ公開した。[*2] この経緯について元委員の一人は「池内氏が総括を指揮したら東電の適格性や避難など本質的な検証になり、再稼働は難しいと結論が出る可能性が高い。県は政策手段を縛られるのを嫌ったのでは」と指摘している。[*3] なお池内了元委員長や元委員の一部は「市民検証委員会」を発足させ、タウンミーティングを継続するとともに二〇二三年一一月に「池内特別検証報告」を公表した。[*4]

また原発が立地する柏崎市の桜井雅浩市長は「条件付き再稼働容認」の立場であるが、県の総括報告書については「福島第一原子力発電所の事故の検証であるべきものが柏崎刈羽原子力発電所を巡る現施策の『検証』に変わってきている。異なる意見の両論併記などで終わるなど総括できていない」「総括を巡る混乱も三つの検証に関する不審《ママ》をさらに大きなものとし、極めて遺憾だった。総括をもとに早々に広範囲の意見を聴取し、その上で議会制民主主義における熟議と結論が導かれることを心より願う」として懐疑的な見解を表明している。[*5]

最終段階でこうした行き違いが生じたものの、各委員会は公開で開催され関連資料もすべて公開されている。これは他県ではみられない特徴であり、四五六点の指摘事項が挙げられ、原子力防災に関する重要な情報が得られたことは成果といえる。ただし避難委員会に関しては、想定された事故シナリオに対する拡散シミュレーションと、避難時間シミュレーションを合わせて住民の被ばく状況を推定して実効性の評価をすべきところ、この評価を行う前に委員会が終了し、画竜点睛を欠く結果となった。[*6] 議論の過程では、委員より「一mSvを超える被ばくを許容するような避難計画に実効性があるとは言えない」、「公衆の被ばくが年間一mSv以下となるように法が厳格に規定していることに照らして、避難による被ばく量についても、年間一mSvを上限とした避難計画を策定することが必要であると考える」との意見が提示されている。[*7] 福島第一原発事故以後に、国会事故調・政府事故調など国レベルの事故調査・検証の活動がみられたが、同事故以前からボトムアップ方式ともいえる県独自の調査・検証活動を立ち上げた意義は評価される。それだけに「三つの検証」の総括が中途半端に終わったことは残念である。

愛媛県伊方地域・半島部の特殊性

いずれの地域でも原発は危険であるが、伊方地域では**図7-1**のように地形的特殊性が注目される。伊

図7－1　伊方地域の地形的特殊性

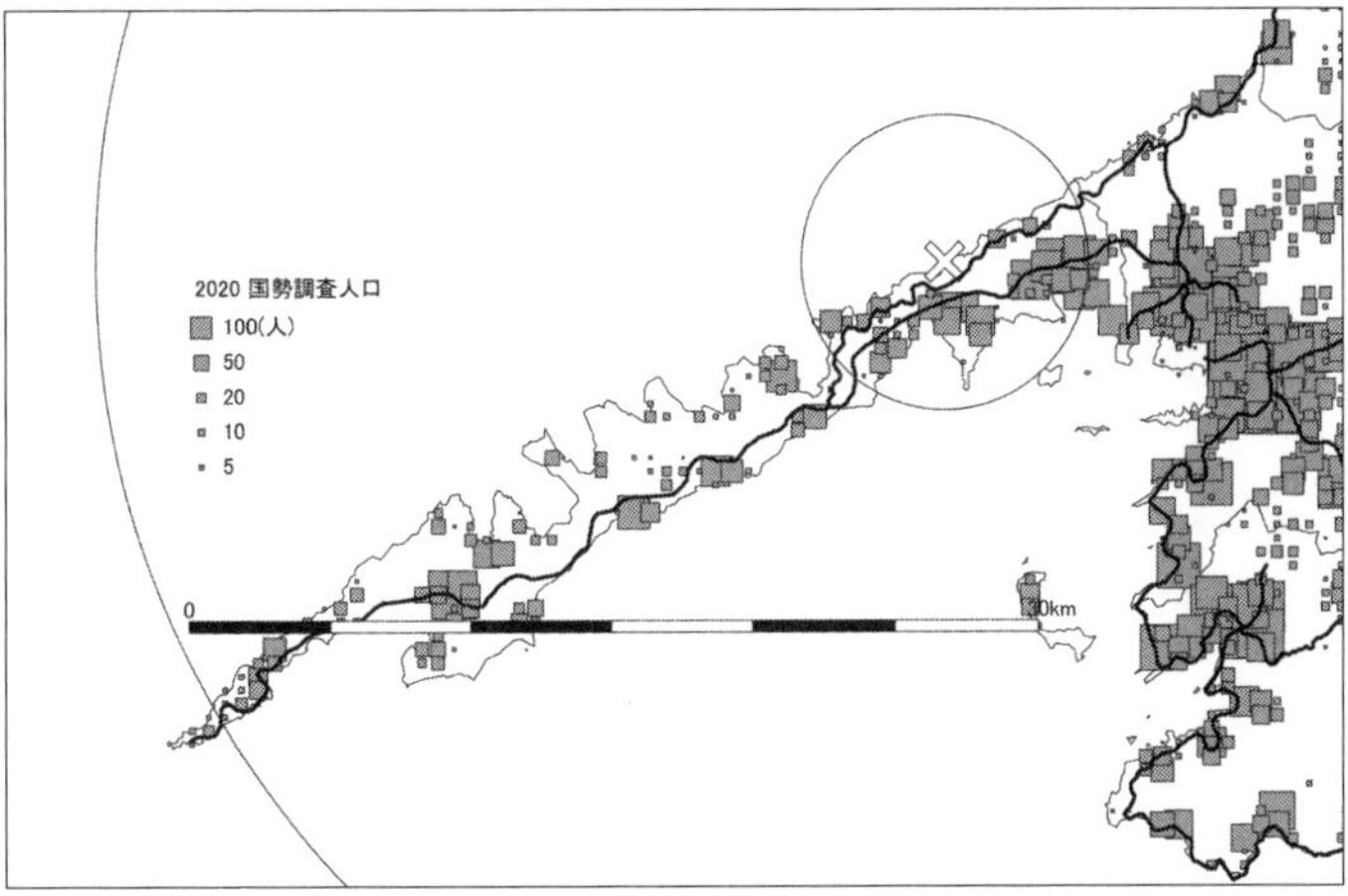

方原発は愛媛県の佐田岬半島にあるが、半島は長さ約四〇kmに対して幅は最狭部で一km弱という極度に細長い形状であり、その稜線部に国道一九七号が通っている。また原発より外方（半島の先端側）に居住する住民数が多い。全国で半島部に設置されている原発は六地域ある。佐賀県の玄海地域については原発より外方に居住する避難者はない。福井県高浜地域については、原発より外方の避難者は発電所の至近距離を通過せざるをえないが人数は少なく短時間での通過が可能と考えられる。同県大飯地域については原発より外方に居住する避難者はない。同県美浜・敦賀各地域については双方向（半島の反対側を回る）に避難が可能である。女川については避難経路上でいったん原発に近づく方向ではあるが原発より五～六kmの離隔がある。

もとより各地域において、避難対象者数が相対的に少ないとしても避難に関して各種の困難性はあるが、特に本件伊方発電所については避難対象者数の多さ、避難経路が国道一九七号に限定され、原発から最短一kmまで近

図７－２　港湾の脆弱性

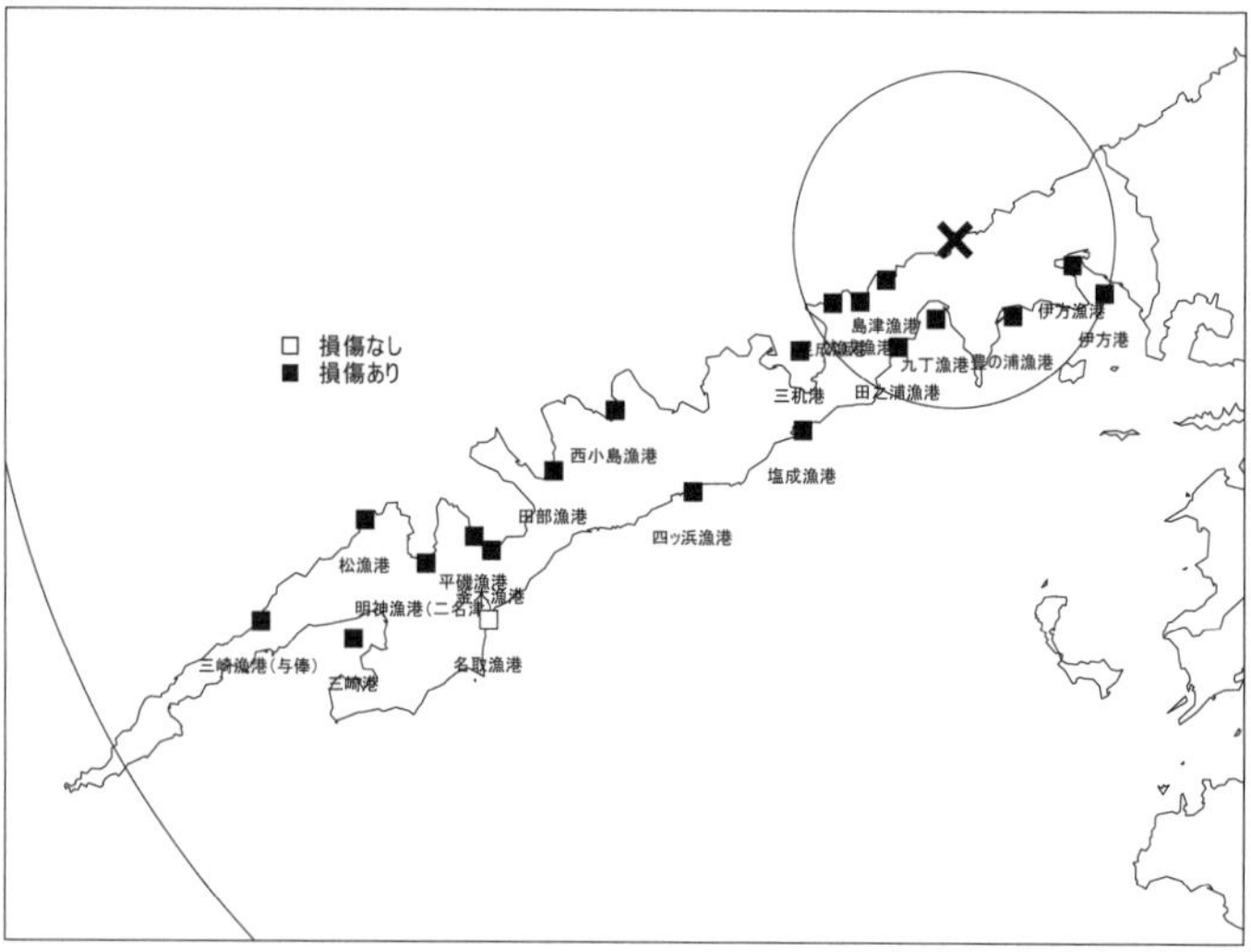

づき、線量の高い範囲を通って移動せざるをえない。また避難者が数千人規模となると、平常時は全く渋滞がない地域であっても車両同士が前後を接するような渋滞が生じる。

　南海トラフ巨大地震に対する愛媛県の地震被害想定調査結果の想定では、半島の南側（太平洋側）において予想波高が高く、二〇ｍを超える箇所もある。[*8] こうした地域にある避難所（一時集結場所）は、実際に津波が到達しなくても、津波注意報・警報が発令されていれば使用できない。また伊方地域の緊急時対応では、陸路が使用できない場合、港湾・漁港から船舶により避難するとなっているが、前述の被害想定調査では損傷が予測されており、かりに損傷がなくても津波警報・注意報が発令されていれば利用できない。また地域の特徴として、避難の場合は海沿いの集落から稜線部の国道一九七号に上がる必要があるが、そうした道路は地震に際して損傷する可能性が高く、避難経路まで出られない可能性がある。

また伊方地域の佐田岬部分では地形的な特殊性から、八幡浜市方面への陸路避難が困難である場合は海路避難が計画されている。しかし原子力緊急事態は地震・津波等に起因して発生する可能性が高いことから、避難が必要となる原子力緊急事態ではそれに先行して強い地震・津波等が発生していると考えられる。前出「地震被害想定調査結果（最終報告）[*9]」では港湾・漁港の被害想定がなされており（南海トラフ巨大地震〔陸側ケース〕）、損傷の予測を図7−2に示すが、大部分の港湾で損傷が予測されている。こうした情報がありながら愛媛県の緊急時対応では漫然と海路避難が想定されたままである。

宮城県女川地域・住民による調査活動

二〇二〇年九月から二〇二一年四月まで『河北新報』に福島第一原発事故の検証記事「原発漂流[*10]」が連載された。東京電力の福島第一原発が過酷事故を引き起こした一方で、東北電力の女川原発では多数の破損個所があったものの過酷事故を免れたのは、設計者の先見の明で津波高さを予測して地盤を高くしていたためだとたびたび伝えられた。対照的に東京電力の不見識を問う解釈もされるが、逆に原発はきちんと設計・運用さえすれば安全だと言わんばかりの解釈も流布されている。しかし別の要因も指摘されている。

女川原発は二〇一一年三月一一日の地震動により設備に損傷が発生したが、放射性物質の大量放出は免れた。一方で津波に関しては、同原発の敷地は海抜一三・八ｍのところ津波は一三・五ｍに達し、僅差で大惨事を免れた。これは一九九七〜九八年度に東北電力が原発専用港の浚渫工事を行い水深を四ｍ掘り下げていたことが奏功した。その経緯として、女川3号機の着工前に住民から水深に関して再三指摘がなされたことに対応した工事であり、換言すれば、東北電力も安全審査を行ったはずの行政庁も見逃していた危険要因である。震災後に女川原発を視察した住民に対して、発電所長が「あなたたちのおかげで助かった」と感謝したという。[*11] ただし東北電力は「住民の意見を踏まえた工事ではない」と否定し、当時の所長も説明を拒否している。

なお東海第二原発も、住民からの指摘ではないが堤防のかさ上げ工事が行われた直後に東日本大震災に遭遇し間一髪だった。もし太平洋側の女川・福島（第一・第二）・東海第二が連発で過酷事故を起こしていれば本当に東日本壊滅だった。

また宮城県では緊急時対応に関しては第三者による検証を行っていない。代わって住民が県・市町に対して詳細な調査活動と、それに基づく指摘を行っており、ある意味では緊急時対応の実効性向上に貢献している。

住民は二〇一八年九月・一一月に、女川・石巻地域から、避難先として想定されている仙台市・色麻町・柴田町などに向け分担して実路走行実験を行っている。調査では単に道路上の走行だけではなく、駐車場所とその出入口・トイレ・飲食物の入手可能性など具体的な状況を念頭に置いて詳細にチェックしている。[*12] あるいは宮城県が実施した阻害要因調査（避難時間シミュレーション[*13]）でも、出発から避難退域時検査場所を経て最終避難先に到着するまでを考慮し、最も制約が少ないとしたシナリオのうち最短でも約七三時間、最長では約一三二時間というような時間が示されている。このため住民は、このような長時間にわたる経路のうち、トイレ・休憩・仮眠・飲食といった当然起こるべき事態を考えれば、このような避難は現実的でないことを指摘している。

ところが東北電力は、避難は段階的（方向別の意味）に行われることから避難に要する期間は三〜五・三日以上にはならず、長時間、トイレができず、飲料、食料を摂取できないとか睡眠の必要が生じることはないなどと主張し、また仮にそのような状況が生じても経路から外れてコンビニ等の駐車場で休息をとればよいなどという。[*14]飲料、食料については非常時として不便・不快は許容するにしても、トイレの必要性は平常時の健康な成人であっても数時間から長くとも半日程度の間隔で生ずる。被告が主張するような日単位で評価して問題ないなどと判断すること自体が荒唐無稽である。

また子ども・高齢者や健康状態が不良な場合はその頻度が上昇する。しかも避難という強いストレス下ではさらに頻度が上昇する。日常これが特段の問題とならないのは必要が生じた時にいずれかのトイレを随時利用できるからであり、原子力災害における避難のように渋滞に巻き込まれ道路近傍でいずれのトイレも利用できないとなれば困難な状況に陥ることは当然である。コンビニのトイレを利用すればよいとか、段階的避難を前提とすれば問題は発生しないなどという被告の主張は、真剣に検討する意志を欠き、むしろ被告が原子力緊急事態の状況を全く想定していないことが露呈している。実は筆者も、それまでの緊急時対応を検討する中でトイレの検討は失念していたところ、住民の指摘に基づき避難経路上で利用しうるトイレ（公共施設・コンビニなど）を具体的にリストアップし、避難の困難性を指摘した。[*15]これはいずれの地域でも必要な検討である。女川地域での住民の一連の活動（質問状）は、いわば県の広域避難計画の不備な点をリストアップし熟度向上の手助けをしているに等しく、むしろ市町村や発電事業者から感謝されてしかるべき活動である。

東海第二周辺の市町村の動向

日本で最初に商用原子力発電が開始された東海村では地域と原子力の結びつきは強く、道路に「原電通り」「動燃通り」「原研通り」の名称が付されているほどである。東京都庁を基準とすれば福島第一原発が直線距離で二三〇㎞に対して、東海第二原発は一二〇㎞の位置にあり、東海第二すなわち首都圏の問題である。特に東海第二は、日本原子力研究開発機構核燃料サイクル工学研究所の東海再処理施設が近接しており連発事故が懸念される。[*16]一方で、多くの地域の原発周辺の市町村が再稼働を容認する傾向であるのに対して、東海第二原発周辺の市町村では慎重論が多いのが本地域の特徴である。砂金祐年（常磐大学・政治学）は「東海第二発電所の再稼働は関東地方の市町村議会でどう議論されているのか？」という研究を報告している。これは茨城県と隣接都県の市町村議会で、再稼働反対や運転延長反対の意見書等がどのように扱われているかを、時間を追って詳細にまとめた記録である。[*17]

たとえば茨城県竜ケ崎市では、二〇一一年一二月には、福島第一原発事故直後であるにもかかわらず、東海第二原発の廃炉を求める意見書が賛成少数で不採択とされたが、二〇一七年六月になると、同原発の運転期間延長反対の意見書を異議なしで可決するという変化がみられる。意見書自体には法的な禁止効力はないが、市民運動の力が影響を及ぼしている状況が推定される。

東海第二地域でも、市民団体により緊急時対応の実効性を評価する綿密な調査活動が行われ、報告書が公開されている。[*18]砂金の調査結果を**図7－3**に示す。「採択」は何らかの形で再稼働や運転延長に懐疑的な内容が採択された市町村である。「不採択」は再稼働に疑問を示すことを拒否、すなわち再稼働容認である。東海第二原発から三〇～五〇km圏で懐疑的な意見が多いことは注目される（空白は議論なしまたは調査対象外）。

二〇二三年一一月二八日に茨城県は、避難計画の前提となる東海第二の事故時の放射性物質の拡散について、原電から提出されたシミュレーション結果および第三者検証委員会の評価結果を公開した。[*19] 結果はすでに二〇二二年末には原電から提出されていたが、周辺一五市町で構成する「東海第二原発安全対策首長会議」では「市民の不安を助長する」などとして公開を渋っていた。また同会議では、事故シナリオの追加その他の条件を追加して再試算すること、別のシミュレーションシステムを使って検証することなどを求めていた。[*20] 原電が二〇二四年秋の再稼働を表明している時期になるまでこのような検討を行っていなかったのは不手際と言わざるをえないが、結果にも問題が指摘される。公開された結果によると、原電はシミュレーションⅠ（新規制基準に適合する安全対策を講じた場合）と、シミュレーションⅡ（安全対策がすべて無効となった場合）を提示し、シミュレーショ

図7－3　市町村議会での意見書採択状況

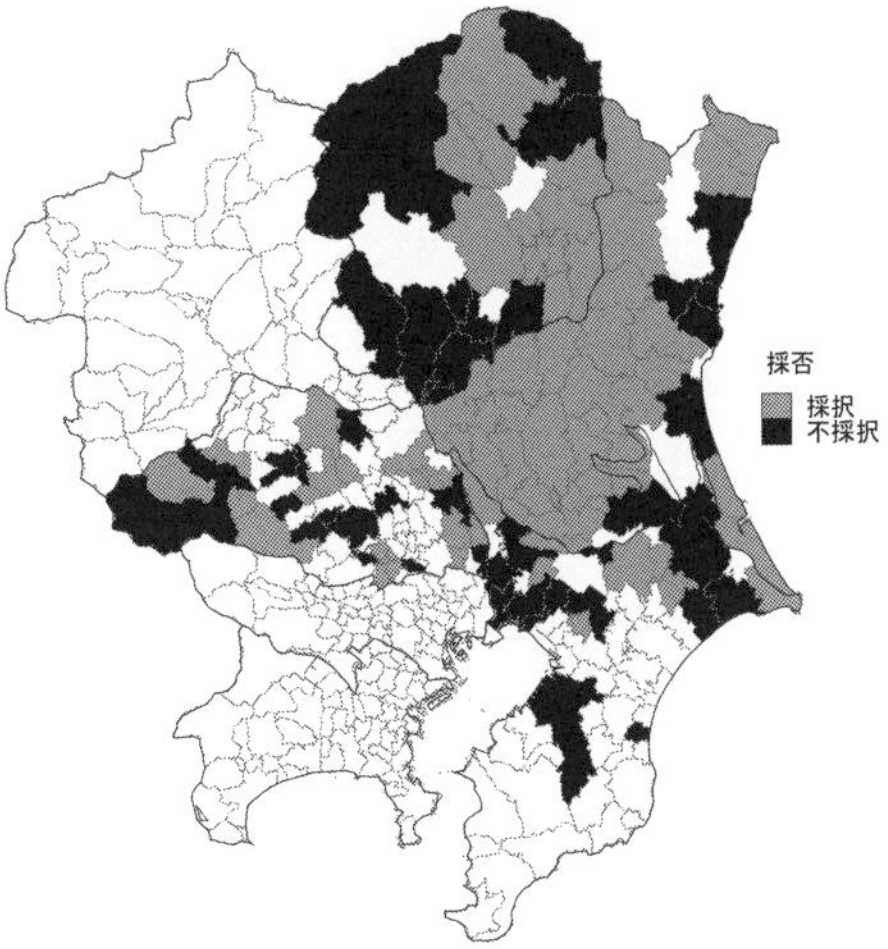

ンⅠでは、空間線量率（μSv／時）の基準に基づく避難（ＯＩＬ１）あるいは一時移転（ＯＩＬ２）の対象となる区域は発生しないとしている。またシミュレーションⅡでは避難・一時移転が必要となる区域が三〇km付近まで発生するが、シミュレーションⅡの状況は「およそ工学的に考えにくい」としている。

しかし原電の結果を検討したところ、多くの条件設定で結果が過小評価となる問題点が見い出される。シミュレーションⅠでは、放射性物質の放出量を福島第一原発事故の約五〇〇〇分の一に設定している。また放射性物質の地表汚染密度（面積あたりの汚染物資の量・Bq／㎡）を人体への被ばく（mSv）に換算する係数（第4章参照）に著しく過小な数値が使用されている。また原電の評価では避難あるいは一時移転の基準となる、地表面からの照射（グラウンドシャイン）による空間線量率のみが提示されているが、本来の注目点は人体に対する被ばく量、ことにプルームの吸入に起因する甲状腺等価線量（内部被ばく）である。これは子ども甲状腺がん裁判（第6章）でもまさに争点となっているところである。新潟県（柏崎刈羽原発）では、原電のシミュレーションⅠ・Ⅱとほぼ同条件の事故ケースを想定した試算で「どの地域で、どのくらい被ばくするか」という結果が具体的な数値で示されている。[*21] これは原電のシミュレーションの計算過程でも算出されているはずの数値であり、前述の茨城県の第三者検証委員会でも、なぜプルームを考慮しないのかと委員から指摘があったが、原電は明確に回答せずそのままとなっている。

さらに二〇二三年一〇月に、地震・津波対策として建設中の防潮堤基礎部分の施工不良が判明した。これは現場で工事に従事していた関係者からの公益通報によるもので、冷却水取水口部分の防潮堤基礎部分（二ヵ所）でコンクリートが正しく打設されていない、鉄筋が正しく組まれていない、基礎（一ヵ所）が岩盤に到達していない等の問題が指摘され、事業者の日本原子力発電もこれを認めた。事業者は同年六月に問題を認識していたが、同年七月に周辺市町村長が現地を視察した際には「工事は順調に進んでいる」と説明していた。前述の原電のシミュレーションでは、津波対策等も安全性評価に取り込んで評価しているが、このように「およそ工学的に考えにくい」事態が早くも発生しているようでは、原電による評価の信頼性は破綻していると言わざるをえない。

廃液・再処理施設

国内の廃液・再処理施設として、日本原子力研究開発機構核燃料サイクル工学研究所[*22]の東海再処理施設と日本原燃六ヶ所再処理工場がある。これらは各地域の原発から発生した高レベル核分裂生成物を受け入れたもので、状況によっては原子炉よりも危険である。東海再処理施設については、東海第二原発に近接しているため、かりに東海第二の緊急事態から派生して同施設の制御もできなくなれば（あるいはその逆）、双方が複合して被害が拡大する。[*23]東海再処理施設にはセシウム137が九・三×一〇の一六乗Bq、プルトニウム241が一・〇×一〇の一七乗Bq保有されている。[*24]

原子力規制庁のハザード評価資料（東海再処理施設）では、貯槽の冷却機能が喪失して溶液が崩壊熱で沸騰するが、二四時間で収束すると想定（その根拠は不明）している。プルトニウム貯槽と高放射性廃液貯槽の保有量に対して、このシナリオで系外に放出される放射能は全体のごく一部しか放出されない想定となっている。しかし貯槽や周辺設備が構造的に破損して廃液自体が漏出すれば、周囲では即死レベルの放射線量率となり人間が接近して対応することは不可能となる。福島第一原発事故では捨て鉢でも注水とべントにより事故の進展を抑える試みがなされたが、廃液処理施設ではそのような対応もできない。二四時間で収束するなどの想定は楽観的に過ぎる。

青森県の日本原燃六ヶ所再処理工場は、核燃料サイクルの一環として一九九三年に着工したが、福島第一原発事故以前からトラブルが相次ぎ竣工がたびたび延期されている。二〇二〇年七月には、原子力規制委員会の新規制基準の審査を経て変更許可が発出されたが、二〇二三年現在でも試験段階にとどまり所期の核燃料サイクルとしては機能していない。一方で高レベル廃液を貯留しており、原子力規制庁のハザード評価資料によると、高レベル濃縮廃液貯槽と高レベル濃縮廃液一時貯槽では、セシウム137が一・八×一〇の一八乗Bq、プルトニウム241が一・五×一〇の一六乗Bq保有されている。[*25] 福島第一原発では、事故発生時点で1～4号機の炉内・プール合わせて、セシウム137が二・六×一〇の一八乗Bq、プルトニウムが二・九×一〇の一八乗Bq保有されていたと推定されるが、[*26] 本施設はセシウム137でそれに匹敵する量が貯留されていることとなる。

同施設は米軍三沢基地に近いところから航空機衝突の懸念が大きい。また施設がむつ小川原石油備蓄基地に隣接しているため、地震等の際に、備蓄基地側で火災や周辺の森林に延焼の可能性が高いことが指摘されている。かりに原燃側施設で事故がなくても、火災の熱輻射によって原燃側施設で作業者の操作が不可能となって現場を放棄せざるをえなくなり、再処理・高レベル廃棄物施設の重大事故につながるという指摘がある。[*27]

同施設についても、規制庁評価資料では東海処理施設と同様に一部しか放出されない想定となっている。二〇二二年七月二日には、高レベルガラス固化建屋の廃液貯槽冷却水が停止する事故があった。これは二系統ある冷却水のうち一系統が工事のため止めてあり、別の一系統で冷却する予定のところ、操作ミスにより実際は約八時間にわたり冷却されていなかったため廃液の温度が上昇した事故である。もし気づくのがあと数時間遅れていれば大惨事に至った可能性がある。**図7－4**は規制庁評価資料に従うとして、六ヶ所再処理工場で放出があった場合の影響範囲を示す。

図7－4　六ヶ所再処理工場放出の影響範囲

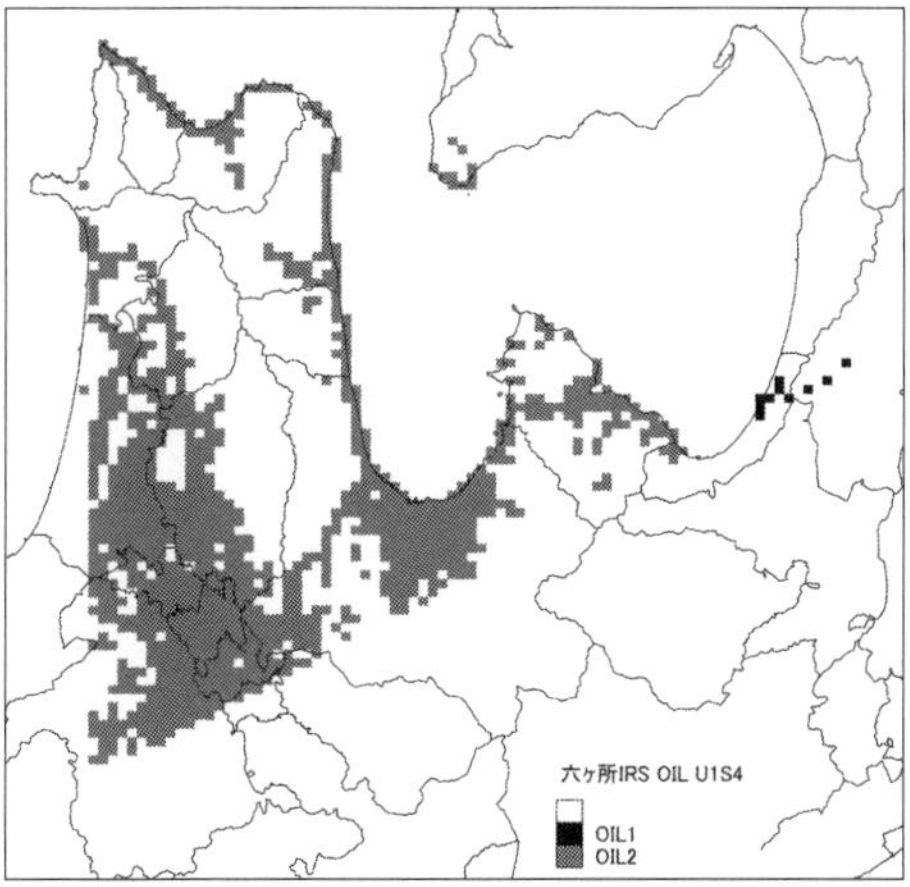

福島第一原発は極端な例としても、「正常な」廃炉過程でも地域にさまざまな影響を及ぼす。福島第一原発事故以後、新規制基準への適合を断念して廃炉決定あるいは予定のユニットが増加し、すでに二四基の廃炉が決定しており、すべての原発立地地域で廃炉問題が発生する。国内ではＪＰＤＲ（動力試験炉・茨城県東海村）が廃炉を終了したが、これは小規模で実験的な性格の炉である。商用炉では東海発電所（旧）が一九九八年に営業運転を終了し二〇〇一年から廃炉事業が始まっているが、最終段階まで完了した商用炉の廃炉実績はない。尾松亮（廃炉制度研究会）らは特に自治体の観点から予想される問題点を指摘している。[*28]

①自治体にとっての問題

・原発事業者からの固定資産税・法人税収の減少

- 原発閉鎖・廃炉事業縮小で失職した住民とその世帯の移出
- 労働者の移出による地域住民の年齢構成の変化（高齢化の傾向）
- 比較的高所得層であった原発従業員の減少による消費活動の低迷
- 土地・不動産価格の下落
- 原発跡地再利用の困難（特に使用済燃料貯蔵施設が残る場合）

②住民にとっての問題

- 事業者からの税収減を補填するための地方税増税（固定資産税など）
- 電気料金・公共料金の引き上げ
- 発電事業の停止・廃炉事業縮小による解雇や別地域での再就職
- 原発事業者からの寄付や税収で行われていた社会事業・公共サービスの縮小・停止

ことに深刻な問題は、放射性廃棄物の行き先がなく、廃炉後も何十年も地元に留め置かれる結果になりかねないため、跡地利用も見通しが立たないことである。そもそも廃炉事業に着手するためには使用済み燃料が撤去されていることが前提であるが、その見通しすら立たない。

なお井戸川克隆（前出）によれば、東京電力は福島第一原発の設置時に二〇年で廃炉にし、跡地はきれいな公園にすると地権者に説明していた。[*29] これは技術的な理由ではなく原発の減価償却期間が一五年とされていたためである。それが福島第一原発事故により、公園どころか一般公衆が立入りもできない汚染されたがれきの山と化した。

図7－5　原発を断った市町村

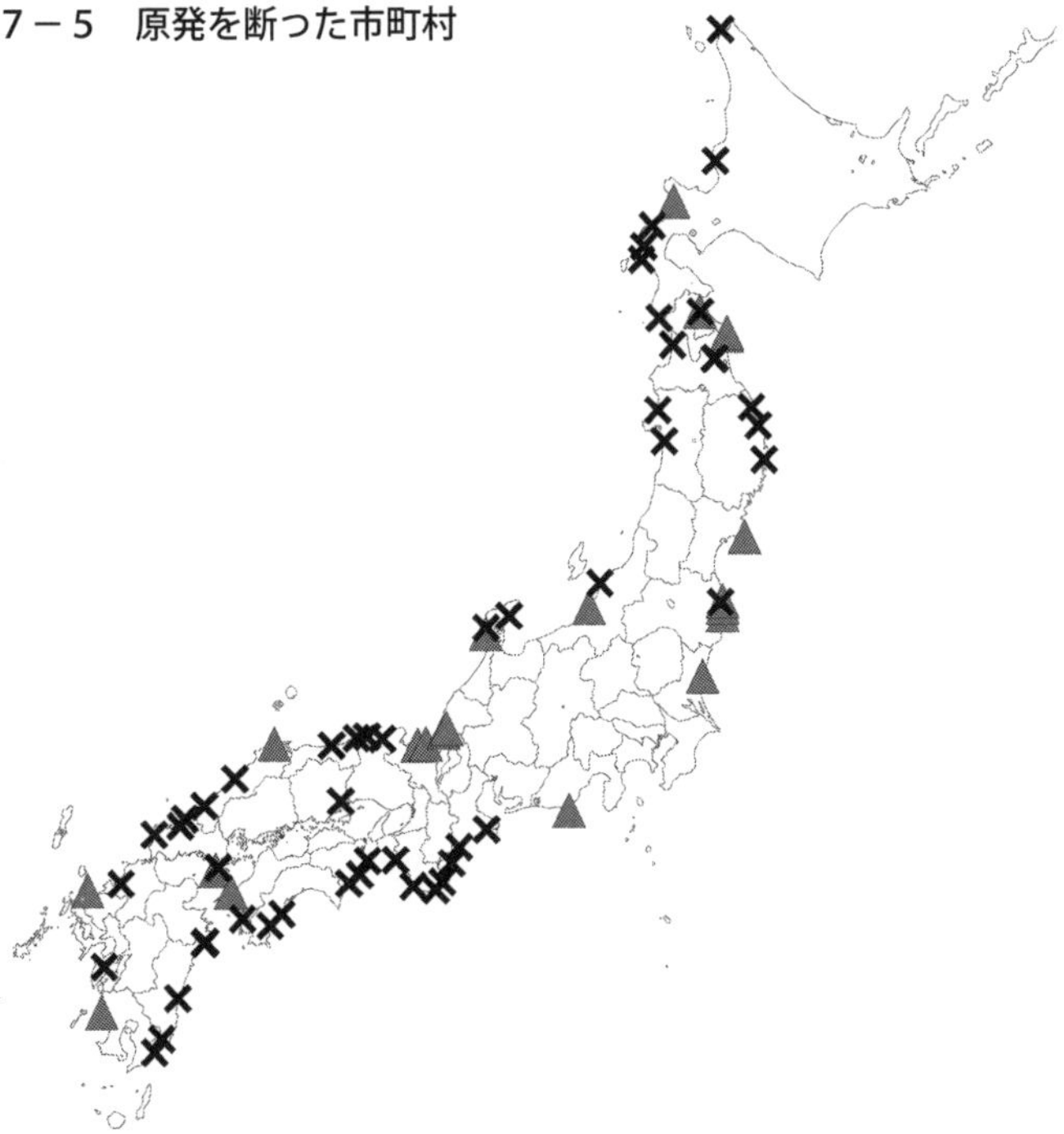

原発を断った市町村

福島事故前までに全国で商用原発が立地・稼働した市町村は一六箇所（合併前でカウント）あるが、一方で原発の計画が持ち込まれながら断った市町村は多い。[*30] 芦浜（三重県）・串間（宮崎県）・巻（新潟県）など活発な原発拒否活動で全国的にも知られた市町村とともに、より初期の段階で拒否した市町村も多く、一覧すると**図7－5**のようになる。▲は実際に立地した市町村であり、×は断った市町村である。日本の原子力の創成期に設置された旧東海発電所と東海第二発電所を除くと明確に首都圏が避けられていることがわかる。

結局、岩手県に原発は建設されなかったが、宮古市・久慈市・田野畑村（いずれも現市町村名）などの名前も挙がり誘致活動が始まった地域もある。これらの地域は東日本大震災の津波で大きな被害を受け、もし原発が運転されていたら、福島第一原発と同様の事故に至り東北全域が居住不可能になる破滅的被害を招いた可能性がある。原発の危険性を察知して地道な活動により原発の立地を断った当時の関係者の英断を賞賛すべきである。[*31] いま東海・南海・東南海地震の被害が懸念されている近畿・四国・南九州にも多数の計画が持ち込まれており、実際に原発が立地していたら重大なリスクとなっていたであろう。

平時でも地域経済に貢献しない原発

これまで原発その他原子力関連の核施設は、リスクはあっても地域に対する経済効果が大きいと認識されてきた。二〇一九年に発覚した関西電力と立地自治体幹部の間での金品授受[*32]にみられるように、ときに良識に反する手段を用いてでも関係者は原発等を誘致あるいは維持しようとしてきた。しかし本当に地域に対する経済効果があったかは疑問である。たしかに電源立地交付金や発電事業者の固定資産税により立地市町村の財政は豊かであるが、原発等の立地は最終的に地域住民の利益に還元されているのだろうか。

福島県双葉町の井戸川克隆元町長は「事故で何もかも失って改めて、原発のない会津地域の自治体でも私たちの町と同じような施設があることを知った。原発に頼らなくてもよかったのだ」と述べている。[*33] そこで全国の市町村について、福島第一原発事故前の状態で、自治体別の統計[*34]から原発の立地がある自治体とない自治体を比較して、地域住民の経済・社会指標に関連する下記の諸項目について、福島第一原発事故前の時点で統計的に有意差（平均値の差が偶然によるものかどうか）を検討した。

課税義務者当り課税対象所得（全国で比較）
課税義務者当り課税対象所得（原子力発電所が集中する福島県・福井県内で比較）
労働力人口に対する失業者の比率（全国で比較）
労働力人口に対する失業者の比率（福島県・福井県内で比較）
就業者数のうち他市区町村に通勤する者の割合（全国で比較）
財政力指数（自治体が必要とする支出に対する税金等の収入の割合）
住民一人あたり民生費（福祉関係費歳出）の額（全国で比較）

結果の要約を**表7−1**に示す。課税義務者あたり課税対象所得（働いている人の所得が高いかどうか）については、全国で比べれば原発の立地あり・なしによる有意差がなかった。ただし原発が集中している福島県・福井県内での立地あり・なしで比較すれば有意差がみられるので原発の影響の可能性がある。また原発が雇用を産み出すと言われているが、労働力人口に対する失業者の比率では、全国および福島県・福井県内での比較とも有意差がなかった。また就業者数のうち他市区町村に通勤する者の割合も有意差がない。すなわち、原発の立地が地元での雇用を産み出しているかどうかでは有意差はみられなかった。一方、財政力指数については明確に差があり、原発立地市町村ではいわゆる「財政が豊か」であることを示している。これは電源立地交付金や発電事業者の固定資産税の影響から当然である。ただし固定資産税は年々

表7－1　原発立地の有無による社会・経済指標の差

	項　目	単位	平均値		統計的有意差
			原発立地あり	原発立地なし	
①	課税義務者当課税対象所得（全国で比較）	万円	290	283	なし
②	課税義務者当課税対象所得（福島県・福井県内で比較）	万円	303	256	あり
③	労働力人口に対する完全失業者の比率（全国で比較）	－	0.05	0.06	なし
④	労働力人口に対する完全失業者の比率（福島県・福井県内で比較）	－	0.05	0.05	なし
⑤	就業者数のうち他市区町村に通勤する者の割合（全国）	－	0.28	0.37	なし
⑥	財政力指数（電源立地交付金の有無など／全国）	－	1.13	0.54	あり

減額してゆく。*35 いずれにしても、自治体の財政が豊かでも、地域住民の社会・経済指標に差がないのであれば、原発の立地は平時でも地域住民に貢献しているとはいえないのではないか。

福島第一原発事故と「復興災害」

東日本大震災後にナオミ・クラインの著書を契機に「ショック・ドクトリン」*36 が注目された。これは災害に便乗して大企業に利益を誘導したり社会体制を変えようとする動きであり、日本語でいえば災害便乗ビジネスである。同書では米国のハリケーンに便乗した企業の活動が事例として取り上げられているが、日本では官製ショック・ドクトリンが中心である。これは阪神淡路大震災に際しても指摘されており、塩崎賢明（立命館大学名誉教授）は、こうした動きを「復興災害」と批判している。*37 東日本大震災に関しては古川美穂（ジャーナリスト）が東北の各地で取材した事例を報告している。[38]

福島に関連する事例としては「遺伝子ビジネス」の一つである「東北メディカル・メガバンク機構」[39]がある。同機構は東北大学内に二〇一二年二月に設立された。その構想は、東日本大震災の直後の二〇一一年六月に、「東日本大震災復興構想会議」で村井嘉浩・宮城県知事が「創造的復興」を掲げて要望したのが発端であるという。[40]まだ避難所から出られない人が多数あり、東北はもとより東日本一帯でまだ人々が余震に脅えている時期である。機構の目的は「未来型医療を築いて東日本大震災被災地の復興に取り組む」としているが、古川の取材によればそれらは「おまけ」あるいは口実であり、災害に便乗した遺伝子ビジネスの可能性が高い。ヒト遺伝子の情報を集積する研究について、研究者や研究関連の企業、間接的には施設を建設する企業などにはメリットがあるが、被災者には負担がかかるばかりでメリットがない。遺伝子ビジネスが被災地と結びついた理由は、被災地は人の出入りが少なく三世代同居が多いので調査の対象として適しているためという。しかしそれは研究者の都合であって被災者のためではない。さらに胎児の遺伝子情報まで採取する倫理的な問題も指摘されている。

また最近注目されているのは「福島イノベーション・コースト構想」[41]である。この事業も、まだ被災地域の帰還の見通しも立たない二〇一四年六月から開始されている。「浜通り地域等における産業の復興のため、同地域での新たな産業の創出を目指す」との目的が掲げられ、六つの重点分野として①廃炉（楢葉遠隔技術開発センター）、②ロボット・ドローン（福島ロボットテストフィールド）、③医療関連（ふくしま医療機器開発支援センター）、④エネルギー・環境・リサイクル（南相馬万葉の里風力発電所、福島水素エネルギー研究フィールド等）、⑤農林水産業（トラクターの無人走行実証）⑥航空宇宙（航空宇宙フェスタふくしま）」が提示されている。

また一連のプロジェクトと連携して「福島国際研究教育機構[*42]（F《エフ》－R《レ》EI《イ》）」が設立（施設は浪江町に建設予定）された。同機構は「福島をはじめ東北の復興を実現するための夢や希望となるものとするとともに、我が国の科学技術力・産業競争力の強化を牽引し、経済成長や国民生活の向上に貢献する」とされている。

いずれも「復興」を掲げてはいるが被災者・住民の視点は乏しい。数字で評価可能な経済・雇用効果に限っても地元への貢献は乏しく、典型的な「官製ショック・ドクトリン」である。さらに関係者や事業内容を検討すると軍事との関連が強く推認され、米国のDARPA《ダーパ》（Defense Advanced Research Projects Agency・国防高等研究所）に相当する軍事研究機関を目指しているのではないかとの指摘もある。背景として、国民生活や社会経済活動に大きな影響のある特定重要物資の安定供給、サイバー攻撃防御、先端技術の流出防止などを目的とする「経済安保法[*43]」、国家安全保障上支障となるおそれのある重要な土地等の取引やその周辺における利用行為の規制等を可能とする「土地規制法[*44]」、防衛生産・技術基盤を強化し、防衛装備品等の安定的な製造等を確保する「防衛生産基盤強化法[*45]」などが立て続けに成立・施行された。これらを総合して考えると「復興」を隠れ蓑として復興予算を軍事に転用する目的が疑われる。いずれにしても人と金の流れを追えば、公開されている情報だけでも軍事との関連は明らかである。調査・解説については吉田千亜（フリーライター）、和田央子（放射能ゴミ焼却を考えるふくしま連絡会）等を参照していただきたい[*46]。

またイノベーション・コーストは米国のハンフォード・サイトをモデルとしたものとされる。ハンフォード・サイトとは、米国の核兵器製造のために核物質の製造が行なわれた広大な研究地区（研究都市）であるが、大量の放射性廃棄物が蓄積し現在は稼働していない。しかしモデルにしたといっても、現在のハンフォード・サイトは旧核処理施設を中心に数十km圏がほぼ無人地帯であるのに対して、福島イノベーション・コーストのように一般住民の居住地域に近接して研究施設が立地するのはそもそもコンセプトが異なるとの指摘もある。[*47]

もっとも筆者の評価として、たしかに個々のテーマは軍事との関連があるものの、戦略的なプロジェクト・マネジメントがあるようには思われない。たとえば戦時中の日本でも原爆開発が行なわれていたが、研究者は実現の見込みがないことを知りながら資金稼ぎに利用していた。また戦後の一九六〇年代に日本での核兵器開発の可能性を調査した「安全保障調査会」が、技術的には可能だがプロジェクト・マネジメントの欠如で実現性が乏しいと評価している（第8章参照）。こうした社会的背景（欠陥）が現在もさほど変化していないことを考慮すると、単発的なテーマの羅列で研究者の資金稼ぎに利用されたあげく、軍事技術として具体化するテーマがどれほどあるかは疑わしい。筆者が民間企業勤務時代の一九九〇年代に見聞したテーマで、世界の軍事先進国でもいまだ実用兵器として採用されていないテーマが相変わらず繰り返されているからである。[*48]

注

1 新潟県「福島第一原発事故に関する3つの検証について」二〇二三年九月一三日。https://www.pref.niigata.lg.jp/sec/genshiryoku/kensyo.html
2 新潟県「福島第一原発事故に関する3つの検証〜総括報告書〜」二〇二三年九月一三日。https://www.pref.niigata.lg.jp/uploaded/attachment/377192.pdf
3 東京新聞「坂本龍一さんも憂えた柏崎刈羽原発…検証委トップが『解任される』新潟県は再稼働慎重論を嫌っ

た？」二〇二三年四月四日。

4 市民検証委員会ウェブサイト「池内特別検証報告」二〇二三年一一月二二日。https://shiminkenshouiinkai.jimdosite.com/

5 ＮＨＫ（新潟）「『三つの検証』報告書の内容 柏崎市長〝総括できていない〟」二〇二三年九月一三日。https://www3.nhk.or.jp/lnews/niigata/20230913/1030026484.html

6 「一番大事な要素が抜けたまま委員会を閉じてしまった」大河委員インタビュー発言。https://newsdig.tbs.co.jp/articles/bsn/205212?display=1

7 新潟県「福島第一原子力発電所事故を踏まえた原子力災害時の安全な避難方法の検証〜検証報告書〜」（令和四年九月二一日）、一九頁。https://www.pref.niigata.lg.jp/uploaded/attachment/335132.pdf

8 「愛媛県地震被害想定調査結果（最終報告）」平成二五年一二月、四〇七頁。https://www.pref.ehime.jp/bosai/higaisoutei/higaisoutei25.html

9 前出「愛媛県地震被害想定調査結果」二一六頁。

10 河北新報出版センター『原発漂流』二〇二一年。

11 河北新報「原発漂流・合意の探求 対話の先に」二〇二一年四月九日。

12 令和三年（ワ）第六七三号女川原子力発電所運転差止請求事件書証（「報告書」甲Ｂ１８の１）」。

13 宮城県「原子力災害時避難経路阻害要因調査結果」https://www.pref.miyagi.jp/documents/10411/793690.pdf

14 令和三年（ワ）第六七三号女川原子力発電所運転差止請求事件　東北電力株式会社「答弁書」令和三年九月三〇日、二九頁。

15 上岡直見、女川原子力発電所運転差止請求事件「補充意見書」。https://miyagi-kazenokai.com/wp-content/uploads/2022/01/kamiokahojyu.pdf

16 日本原子力研究開発機構核燃料サイクル工学研究所。https://www.jaea.go.jp/04/ztokai/summary/center/saishori/

17 砂金祐年「東海第二発電所の再稼働は関東地方の市町村議会でどう議論されているのか?」https://www.vill.tokai.ibaraki.jp/material/files/group/18/saisyu-houkoku.pdf

18 東海第二原発運転差止訴訟原告団「二〇二二年原告団総会資料」二〇二二年五月二二日。

19 茨城県「放射性物質の拡散シミュレーション実施結果について」二〇二三年一一月二八日。https://www.pref.ibaraki.jp/bousaikiki/genshi/kikaku/kakusansimulation.html

20 『東京新聞(首都圏版)』「東海第二 拡散想定 再試算を依頼 茨城県が原電に『住民説明にデータ不足』」二〇二三年九月六日。

21 新潟県原子力発電所の安全管理に関する技術委員会 「放射性物質拡散シミュレーション結果」二〇一五年一二月一七日。https://www.pref.niigata.lg.jp/sec/genshiryoku/1356828270087.html

22 日本原子力研究開発機構核燃料サイクル工学研究所。https://www.jaea.go.jp/04/ztokai/summary/center/saishori/

23 東海第二原発運転差止訴訟原告団「東海再処理工場は地震・津波で東海第二原発との『複合災害』を引き起こす」二〇一九年一〇月二四日。http://www.t2hairo.net/sankou/toukaisaisyorihukugou.pdf

24 原子力規制庁「再処理施設における潜在的ハザードに関する実態把握調査報告書」二〇一三年一一月。

25 原子力規制庁「第八九回核燃料施設等の新規制基準適合性に係る審査会合」資料2(2)。https://warp.da.ndl.go.jp/info:ndljp/pid/11275007/www.nsr.go.jp/disclosure/committee/yuushikisya/tekigousei/nuclear_facilities/0000060.html

26 日本原子力研究開発機構「福島第一原子力発電所の燃料組成評価」https://jopss.jaea.go.jp/search/servlet/

search?5036485
27 小川進『核問題の隠された真実』緑風出版、二〇二三年、八七頁、一二七頁。
28 尾松亮編著、乾康代・今井照・大城聡著『原発「廃炉」地域ハンドブック』東洋書店新社、二〇二一年、九頁。
29 前出・井戸川克隆、二九六頁。
30 平林祐子「「原発お断り」地点と反原発運動」『大原社会問題研究所雑誌』No.六六一、二〇一三年。
31 岩見ヒサ『吾が住み処ここより他になし』萌文社、二〇一〇年、一一八頁。
32 関西電力「第三者委員会の設置について」二〇一九年一〇月九日。https://www.kepco.co.jp/corporate/pr/2019/1009_2j.html
33 『日本経済新聞（Ｗｅｂ版）』「脱原発に転じた東海村の真意 村上村長に聞く」二〇一二年七月二五日。https://www.nikkei.com/article/DGXNZO44091660U2A720C1000000/
34 総務省統計局「統計でみる市区町村のすがた」https://www.stat.go.jp/data/s-sugata/index.html 同「市町村別決算状況調」https://www.soumu.go.jp/iken/kessan_jokyo_2.html
35 池田千賀子「原子力発電所が柏崎市財政に与えた影響」第三三回愛知自治研集会自主論文、二〇一〇年一〇月。
36 ナオミ・クライン著、幾島幸子・村上由見子訳『ショック・ドクトリン―惨事便乗型資本主義の正体を暴く（上・下巻）』岩波書店、二〇一一年。
37 塩崎賢明『復興〈災害〉阪神・淡路大震災と東日本大震災』岩波書店（岩波新書）、二〇一四年。
38 古川美穂『東北ショック・ドクトリン』岩波書店、二〇一五年。
39 東北メディカル・メガバンク機構ウェブサイト。https://www.megabank.tohoku.ac.jp/

40 前出・古川著、三六頁。

41 経済産業省「福島イノベーション・コースト構想とは」。https://www.meti.go.jp/earthquake/smb/innovation.html

42 福島国際研究教育機構ウェブサイト。https://www.f-rei.go.jp/

43 正式名称「経済施策を一体的に講ずることによる安全保障の確保の推進に関する法律」。https://elaws.e-gov.go.jp/document?lawid=504AC0000000043

44 正式名称「重要施設周辺及び国境離島等における土地等の利用状況の調査及び利用の規制等に関する法律」。https://elaws.e-gov.go.jp/document?lawid=503AC0000000084

45 正式名称「防衛省が調達する装備品等の開発及び生産のための基盤の強化に関する法律」。https://elaws.e-gov.go.jp/document?lawid=505AC0000000054

46 吉田千亜「経済安保法と福島イノベーション・コースト構想」。https://www.youtube.com/watch?v=A3dId2xFSKo 和田央子「イノベーション・コースト構想とは」。https://www.youtube.com/watch?v=GO5iwz2ul_I

47 今中哲二「原発放射能汚染の実態と長期的対応」二〇二三年度日本建築学会大会（近畿）地球環境部門研究協議会資料「原発事故による長期的放射能影響への対策のための建築学会提言案」二〇二三年九月一四日でのコメント。

48 一例として北海道大学「マイクロバブルの乱流境界層中への混入による摩擦抵抗の低減」成果報告書、二〇一八年五月、防衛省「安全保障技術研究推進制度」二〇一六年度採択課題。https://www.mod.go.jp/atla/funding/hyouka/H29hyouka_hokudai_seika.pdf

8 「令和のインパール作戦」に向かう原子力

福島第一原発事故が「勝利」だという原子力推進者

近年は大きな学会では、投稿論文の増加にともない「学会誌」と「論文誌」を分ける例が多くなっている。「学会誌」では意見・トピックス・情報紹介等が主になり、一方で「論文誌」は本来の研究論文（査読対象など）を中心に編集される。一般に理工系の学会・協会は政府や産業界の方針と同調的な傾向があるが、それにしても『日本原子力学会誌（ATOMOΣ）』[*1]は異様である。自己の無謬性のみを主張し、意見が異なる論者に対して攻撃的な論者が常に登場する状況は、論文誌と分けているとはいえ「学会」を名乗る科学的客観性とはほど遠い。

同誌二〇二三年三月号で石井孝明（経済・環境ジャーナリスト）は「福島第一原発事故の教訓と課題」という特集に際して「原発事故後の『勝利』を語れ」と題して寄稿している。石井によると「この事故で放射線による健康被害は、一人も確認されていない。それは原子炉の頑丈さに加え、事故処理や復興で放射線防護が適切に行われたためだ。世界に目を転じれば、事故の経験は共有され、それを活かして原子炉の安全性は高まった」[*2]という。また中川恵一（東京大学・放射線医学）は「内部被ばくゼロと震災関連死急増のジレンマ」として「一般住民の被ばく量は予想以上に少なく、とりわけ内部被ばくは驚くほど低く抑えられていた。これは正直『勝負あった！』と言えるレベルであり、『福島の勝利』と言えるものである」[*3]という。二〇二三年九月一一日時点で、公式に把握されているだけでも福島県内で六〇九九人、県外で二万七〇四人が今なお避難生活を送り、子ども甲状腺がん裁判（第6章）まで提起されているときに、いったい何が「勝利」なのか想像もつかない。

被ばくと健康被害の因果関係は現状で論争があるとしても、世界でも例のない三基同時のメルトスルーを起こした原子炉が「頑丈」という認識はどこからもたらされるのだろうか。もはや原子力推進者はこの類の論者に依存するしかなく、科学性とはほど遠い思考停止状態に陥っている。これは旧日本軍と酷似しており、状況が不利になればなるほど自暴自棄的な作戦を繰り返して多くの人命を奪った。原発は費用と手間をかけて再稼働しても、各電力会社ごとに、あと一〜二基を動かす見通ししかなく、安定供給や脱炭素の観点でも大勢に影響はない。また使用済み燃料の行き先がないのでせいぜいあと五〜一〇年で行き詰まる。それでも再稼働を放棄しないのは「原発を稼働したほうが利益になる」という経済的な根拠すらなく、それ自体が目的化してやめるにやめられないからである。この点も旧日本軍と酷似している。原子力推進者はもはや理性的な判断力を失っており「一億総玉砕」「本土決戦」のように国民を道連れにするつもりだろうか。他にも同誌の「巻頭言」その他からいくつかピックアップするとつぎのとおりである。

宮﨑慶次（阪大名誉教授）

「堂々と逆風に立ち向かい原子力の前進を！」（二〇一一年一〇月号巻頭言）

茅陽一（元東大・慶大教授）「原子力と自動車の安全性」

原子力はその事故の危険性だけでなく、こうしたメリット［注・CO_2排出がない］と二つをはかりにかけてバランスとなる点を選ぶ、というのが一番妥当な選択だろう。（二〇一一年八月号巻頭言）

櫻井よしこ「大自然と宇宙をつかさどる理と専門家の知恵」

是非、苦境を乗り切り、皆様が世界人類の未来に燦然と輝く明るい光を灯していただきたいと思います。（二〇一二年一二月号巻頭言）

品田宏夫（刈羽村長）「覚悟」

文明社会の発展は同時にリスクを積み上げることと理解してます。（二〇一三年三月号巻頭言）

曾野綾子「予期せざる部分」

人間の遺伝子は二万二〇〇〇もあって、一ミリシーベルト被ばくするということは、そのうちたった一個が傷つくことなのだ、と知った。（二〇一三年五月号巻頭言）

音喜多駿（維新参議院議員・当時）「維新と原子力政策の未来」

安全性の確保された「処理水」について、「汚染水」でないということを強く広報するよう政府に求め、同時に早期の海洋放出を求め続けました。先般、海洋放出が決定されたことの一助になったという自負があります」（二〇二二年一一月号巻頭言）

櫻井は「公益財団法人国家基本問題研究所」が二〇二三年九月九日に一部のメディアに掲載した「日本の魚を食べて中国に勝とう」との意見広告に登場している。この広告については保守派の論者からも、逆に中国の情報戦略に乗せられているとの苦言も寄せられ、[*4]風評払拭どころか何の支援にもなっていない。

また福島第一原発事故のわずか六年前、九州電力玄海原子力発電所3号機のプルサーマル計画に関する公開討論会において、大橋弘忠（東京大学・原子力工学）が「専門家になればなるほど、そんな格納容器が壊れるなんて思えないですね」[*5]と発言したが、福島原発事故では原子炉容器・格納容器とも溶融燃料が貫通した。しかもこの討論の流れからみると大橋は水蒸気爆発のシナリオを想定していたと思われるが、福島第一原発事故はそれとは全く関係ない経過で発生した。

原子力推進者は、福島第一原発事故の後でもなお事故リスクを認めようとしなかった。二〇一一年六月に、政府（民主党政権・当時）は「エネルギー・環境会議」を設置し、その中で「コスト等検証委員会」を開催した。そこで原発の発電コストに社会的コスト（政策コストと事故リスクコスト）を含めて検証しようという提案がなされたのに対して、山名元（京都大学・核燃料サイクル工学）は「それ［注・事故リスクコスト］に見合うコストを付けろという要求のように見えるんですが、それはちょっと感情的に行きすぎている」と抵抗した。[*6]原子力に都合が悪ければ「感情的」だとして排除しようとする態度が「科学的」だろうか。なお山名は後に原子力損害賠償・廃炉等支援機構理事長に就任している。

日本原子力研究開発機構の高速増殖炉「もんじゅ」は、一九八五年の着工いらい一兆二〇〇〇億が投じられたが、トラブルを繰り返してほとんど稼働することなく、二〇一六年一二月に廃炉が決定した。現在は廃炉に向けた作業を行っているが、設備自体は解体・撤去ではなくまだ現存している。『原子力学会誌』

では、廃炉が確定した「もんじゅ」について、二〇一九年になってもなお再開を主張する特集を掲載している。*7

深層無責任体制と「忖度」

福島第一原発事故後間もない二〇一一年六月二六日に、九州電力玄海原子力発電所2・3号機の再稼働に関して、経済産業省が主催してインターネット、ケーブルテレビ等で放映された経済産業省主催の「放送フォーラムin佐賀県『しっかり聞きたい、玄海原発』～玄海原子力発電所緊急安全対策県民説明番組～」において、番組中にメールで賛否の意見を受け付ける企画となっていた。この際に九州電力は、視聴者からの意見を装って賛成メールを送るように指示していたことがわかった。

事後に設けられた第三者委員会報告書*8の調査によると、九電の役員が、番組について関連部署や子会社に周知するように指示し、この意向を汲んで管理職が具体的にメールの送信を依頼したとされる。ここでの問題は九州電力の中での意思決定過程である。経緯を整理すると、関係会社にメールを送るように具体的に指示していたのは九州電力の原子力発電本部の課長級の社員であるが、上司にあたる上席執行役員の指示に基づいてメールを作成していた。しかし執行役員は調査に対し「具体的なメールの内容は指示していない」と説明しているという。

この事件には、日本の組織に昔から蔓延し、いまも変わらない欠陥が指摘される。たとえば太平洋戦争末期の沖縄戦における住民集団自決の経緯に酷似している。集団自決に関しては軍の命令かどうか現在も論争があり真相は不明だが、公式な指示・命令ではなく、組織内の意思決定プロセスの中で、指示・命令が存在するかのように認識されて最終的な行為が実行されてしまうメカニズムが存在する。すなわち上層部が何らかの「意向」を示すと、部下がその意向を「忖度」して行動する。

またそうしたメカニズムが働くことを承知の上で、組織の幹部が証拠を残さないように「情報を提供しただけだ」「個人の所感を述べただけだ」「担当者が独自にやった」として責任を逃れる方策を意図的に用意している場合もある。事後に追求されれば「証拠があるのか」と開き直る。法的に厳密な追求をしようとすれば、書面による指示など客観的な証拠が必要であるが、すべて関係者の内面での判断なので証拠がなく、最終的な実行者だけが責任を問われる。戦時中に陸軍省が示達した『戦陣訓（一九四一年）』の「生きて虜囚の辱を受けず」の条項が絶対視され、玉砕や自決の強要により多くの人命が失われた経緯に共通する。『戦陣訓』は、明治天皇から下賜された『軍人勅諭（一八八二年）』と比べて位置づけが軽いパンフレット的な書面に過ぎないにもかかわらず、いつの間にか天皇の命令であるかのように位置づけられるに至った。

福島第一原発事故以後に「公衆は原子力の安全神話を刷り込まれていた」と指摘する言説がしばしばみられたが、それは正しくないのではないか。そもそも「神話」という言葉自体に作り話、ファンタジーの含意があり、公衆はもともと原子力に疑いを持っていたことが示される。もんじゅ・柏崎・東海村など、過去の原子力トラブルでもただちに風評被害が起きたことは、現実には誰も「安全神話」を信じていなかった証拠である。福島第一原発事故以前にも、もんじゅナトリウム漏洩火災事故（一九九五年）・東海村ＪＣＯ事故（一九九九年）・中越沖地震による柏崎刈羽原発火災事故（二〇〇七年）など、物理的な影響としては福島第一原発事故より小規模であっても、ただちに風評被害が発生している。「風評」とは、発言者が特定されない安全な意見表明の方法である。正確には「刷り込まれていた」のではなく「刷り込まれたふりをしていた」と解釈すべきだろう。つまり「刷り込まれていた」のではなく、刷り込まれているように振る舞っていたが、実際に物理的なトラブルを契機に本音が表出したものが「風評」である。

オウム真理教事件で主要な役割を担ったスタッフや実行犯の中には、青少年時代は勉強やスポーツで良い成績を収めた優等生が少なくなかった。研究者・民間企業の社員・公務員などとしてそのまま過ごしていれば有能な人材として重用されていたはずである。これらの人々は「優秀であったのに荒唐無稽な思想に影響され道を誤った」と捉えるのは正しくない。逆に主要なスタッフや実行犯がなぜ優等生だったのかを分析する必要がある。オウム真理教は日本型ビジネスモデルの典型である。組織における優等生は、いったん実務に入ってしまうと、倫理や目的を主体的に考えることなく、組織から与えられた役割を熱心に遂行することが高く評価される。しかも受験による選抜がこれを強化する。日本の受験は「出題者の意図を察知しなさい」という技能の伝授が中心となる。これらの条件が揃った人間が優等生だからである。原発推進者、いわゆる「原子力ムラ」は優等生の集団が連携して活動しており、倫理や目的とは関係なく「与えられた役割を熱心に遂行すること」「出題者の意図を察知すること」に徹している。

日本の教育制度と緊急事態

日本の教育システムは画一的な人材の大量育成には効果的であり、それが経済成長の要因となったことは一面の事実であるが、その一方で日本には重要な政策を託すべき真の「エリート」がいない。本来エリートに求められるのは、正解がない課題や、過去に経験のない事態に対処する能力である。しかし現在の日本の受験教育で強調されるのは「出題者の意図を推測しなさい」という技能である。問題には模範回答があることが前提で、いかにそれを推測するかが重視される。すなわち日本の教育は「忖度《そんたく》の達人」の養成である。池上彰（ジャーナリスト）は小学校で二〇一八年度から道徳教育が教科化されたことについて「忖度力の養成」と批判している。「十人十色あっていいはずの生き方や考え方、価値観が〝評価〟されることになります。子供たちは賢いですから、先生が求める〝正解〟を察知します。結局、全国の学校で〝忖度力〟を要請することになりかねません。まあ、財務省の官僚を要請するにはいいかもしれませんが」という。[9] 財務省はもとより一例であって、日本の政治体制全体に対する批判である。

忖度が行動原理であるかぎりは、模範回答が存在しない課題に対しては「放置」しか選択肢がない。福島第一原発事故の初期、菅直人元首相が原子力関係の官僚に見解を求めても何も具体的な回答はなく、首相みずから現場に乗り込まざるをえなかった（第1章）。「やらせメール事件」は不祥事のレベルにとどまったが、忖度がいかに重大な結果を招くかはまさに福島第一原発事故で現実化した。島崎邦彦（原子力規制委員会初代副委員長）は、津波対策が不十分であると警告されていたのに、それが東電内部・政府・学界でどのように扱われ、隠蔽されたかの過程を詳細に分析している。「まえがき」には次のように記されている。[10]

東京電力は福島の原発が津波に弱いことを知っていた。しかし、対策をしなかった。対策をする代わりに、対策の延期を専門家の先生に根回しした。役所に延期を認めさせた。さらには、これまで大津波に襲われたことはないと言いはじめた。だから、大津波は来ないと。これを役所に認めさせて、対策せずにすます。これが東京電力の「対策」だった。大津波の対策ではなく、対策しなくて良いと、役所が言うようにさせるのだ。海岸から遠くまで押し寄せる津波の警告が、発表されようとしていた。そのとき東京電力は、秘密会議でその内容を変えさせた。対策をしなくともよいように変えさせたのだ。あと一歩のところで3・11大津波が起こった。

この集団無責任は事故後においても同様である。二〇一三年三月に「原発事故子ども・被害者支援法」の担当をしていた水野靖久（復興庁参事官・当時）の発言である。水野が国会内セミナーに出席した後に自らのツイッター（現在「X」）に参加者を「左翼のクソ」として罵倒する発言を書き込み、さらに被害者や国会議員、被災地の自治体議員らを中傷する発言を繰り返していたことが明らかになった。[*11] その内容もさることながら注目すべきはその背景である。

水野は続けて「今日は懸案が一つ解決。正確に言うと、白黒つけずに曖昧なままにしておくことに関係者が同意しただけなんだけど、こんな解決策もあるということ」（同年三月八日）と書き込んでいる。福島事故で大量の放射性物質が広範囲に飛散したことは物理的事実であるが、解決に模範回答はなく、何を提案しても住民の不安・不満は解消しない。そこで到達した結論が「曖昧なままにしておくことに関係者が同意」であった。水野がいう「左翼」とは社会主義信奉者の意味ではなく、政府が用意した「模範解答」に忖度しない者のことである。

原子力発電の導入期から始まっていた福島事故

福島第一原発の1号機は一九六七年九月に着工している。二〇一一年三月の東日本大震災は破滅的事故への通過点にすぎず、建設当初から時限爆弾のタイマーが回っていた。大きな問題の一つは、事故想定がきわめて杜撰であったことである。たとえば導入初期の事故想定の例として「事故時の放射性ヨウ素放出量見積問題では一九五九年三月には一万キューリといっていたものが、七月には二五〇キューリ、八月には二五キューリと科学的説明抜きでくるくると変更された。これは、イギリスやアメリカの放射線被曝制限値が順次きびしく伝えられ、これに合せて逆算して放出量をかってに推測してきめたことによるもので、この問原子炉そのものの安全性を厳しく審査しようという態度が見られなかった」との記録がある。[*12] なお「キューリ」は当時の呼び方で現在は「ベクレル」が使用される。[*13] こうして原子力の導入期での放射性ヨウ素の放出量は、根拠はともかく二五キュリーすなわち九二五GBq（ギガベクレル）と想定された。

結局、こうした過小想定が福島第一原発事故前まで続いた。福島県双葉町の井戸川克隆町長（当時）の回想によれば、事故前からも周辺市町で県主催・国主催の防災訓練は実施されており、形だけは消防・自衛隊・海上保安庁・日本赤十字も参加する総合訓練であった。しかし緊急事態とはベント程度の想定で過酷事故は想定されず「放射能が出ないことを想定した訓練」であり、緊急事態が宣言されて訓練が始まるものの、ほどなく東京電力から「収束した」と連絡が入って終了するシナリオであった。[*14]

しかし福島第一原発事故で放出された放射性ヨウ素放出量は五〇〇PBq（ペタベクレル）と推定されてい

る。[15] それは一九五九年当時の想定に対して五〇万倍に相当する。導入期の原子炉出力が現在の商用炉の三分の一程度であったことを考慮しても、当時の想定がいかに杜撰であったか改めて認識される。その結果、現在の東海第二発電所に典型的にみられるように、発電所周辺に十分な離隔を取ることなく、周囲三〇㎞に一〇〇万人近い住民が居住する立地環境を生み出した。逆にいえば想定を甘くしなければ原子力発電は日本国内では立地できなかった。また同書の記述から、この当時は原子炉の寿命は三〇年間と考えられていたことがわかる。[16] それを現在では六〇年から解釈によっては八〇年まで延長可能としている。老朽原子炉を再稼動すれば、時限爆弾のタイマーが再び回りだす。各地で次々とタイマーがアップした時、本当に日本という国が存在しなくなるだろう。

いずれにしても行き詰まる原発

原子炉を稼働していなくても膨大な使用済み燃料が各サイトに保管されており、緊急時対策は必要である。原子炉で使用直後の照射済み燃料は放射能レベルが非常に高く、使用履歴にもよるがおよそ一ＭＴＵ（トン・ウラン表示）あたり一〇の一九乗Bq（漢字表記では千京《けい》）程度あり崩壊熱も高い。このため取り出した照射済燃料は原子炉建屋内の水冷プールに浸漬させて放射能と崩壊熱の減衰を待つ。

時間とともに放射能レベルは低下し、取り出し後三年経過の試算例では、三×一〇の一六乗Bq（取り出し直後の数百分の一）という数値がある。[17] この状態で再処理サイクルに回すのが本来の予定であったが、高速増殖炉も六ヶ所再処理施設も稼働しないため、各サイトの使用済み燃料プールは満杯に近づきつつある。

図9－1　使用済み燃料の貯留状況

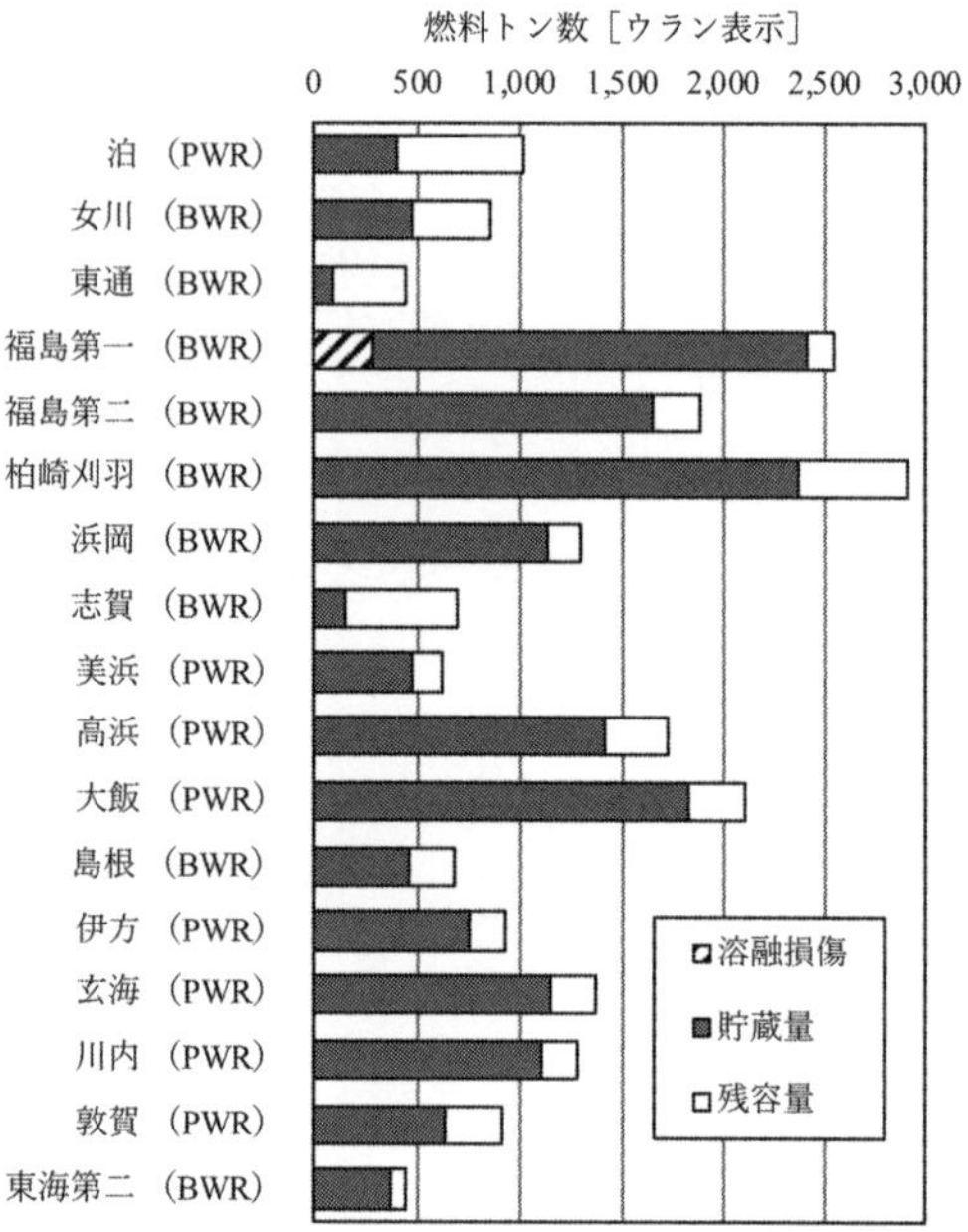

福島第一原発事故以後も再稼働した原発ではさらに溜まっている。**図9－1**に使用済み燃料の貯留状況[*18]を示す。また沸騰水型（ＢＷＲ）と加圧水型（ＰＷＲ）は使用済み燃料プールの構造が異なり、福島4号機で問題となったように建屋高所にあるＢＷＲよりも、地上レベルにあるＰＷＲのほうが構造的リスクは相対的には低いとされている。[*19]なお各サイトの水冷プールでは使用履歴の異なる使用済み燃料が混在しているため、実際に保有されている放射能量（核種ごとのBq数）は保管量（ＭＴＵ）とは必ずしも比例しない。

デブリ取り出しと汚染水処理は「令和のインパール作戦」

デブリとは、福島第一原発事故で燃料が溶けて、周囲の構造物やその他の雑物と混ざり合って塊状に固まったものであるが、形は変わっても燃料に含まれていた放射性物質は同じ量が残っている。デブリに関して「一度に出せるのは「耳かき一杯」……福島第一原発のデブリ取り出しが準備段階で直面する「想定外」との報道があった。[*20] 取り出しはまず2号機で試みられているが、格納容器につながる開口部からロボットアームを入れて先端のブラシ状の装置でデブリを掻き出すという。ところがアームを入れるどころか、まず扉が開かないトラブルに遭遇し、扉を壊して開けるのに四カ月かかった。さらに扉を開けても、開口部が堆積物で詰まっていてアームが通らない可能性もあり、その道を開けるのにまた難渋するという。これらはすべて強い放射線環境下での作業なので、遮へい対策を講じながらの作業ではあるが、手間取るたびに作業員の被ばくが累積する。この点だけを考えてもデブリ取り出しは現実的ではない。燃料溶融を起こした福島第一原発の1～3各号機のデブリの現状と炉内の状況（推定）は東京電力のウェブサイトで提示されている。[*21] デブリの総量は三基合計で八八〇トンと推定されているが、[*22] これを耳かき一杯ずつ遠隔操作で取り出すのは気が遠くなる話である。

デブリは汚染水にも関連する。汚染水は建屋に漏れ込む地下水等がデブリに触れることにより発生するのであるから、デブリが炉内に存在するかぎり汚染水の発生が続く。汚染水の遮断こそが最優先の課題であるのに、それを放置して汚染水の放出を続けることは技術的にみても全く不合理である。二〇二三年一〇月二五日、汚染水を処理する多核種除去設備の配管を洗浄中に液体が飛び散り、協力企業の作業員五人が防護服の上から液体を浴びた。うち二人は汚染レベルが下がらず福島県立医大に搬送された。このような事態は汚染水が発生するかぎり今後も起こりうる。作業員の被ばくを前提に絶望的な作業を続けるのは「令和のインパール作戦」である。

通常、使用済み燃料をプールで水に浸漬させて保管するのは、放射線の遮へいと冷却が同時にできるとという都合のよい水の性質を利用するためである。しかしひとたび空気中に出てしまうと強烈な放射線で人間は傍にも寄れない。福島第一原発事故のとき、3号機の使用済み燃料プールの水位が低下して燃料棒が露出するおそれがあり、現場と東電本店のテレビ会議で、本店が不用意な対策を提示したのに対して、吉田所長（元）が「周りで我々見てんだぜ。それでお前、爆発したらまた死んじゃうんだぜ[*23]」と激怒したのはこのことである。二〇一九年二月一三日に初めて試験機が2号機のデブリに接触した際、観測された線量率は毎時六～八グレイであった。[*24]これは一時間で第五福竜丸事件での乗組員の被ばくと同程度の量に達する。

さらに格納容器内の別の場所では毎時四三グレイが観測された。東海村ＪＣＯ臨界事故では被ばく者三名のうち一名が一六～二〇グレイ、一名が六～一〇グレイの被ばくと推定されているので、一時間でそれをはるかに上回るレベルである。この数値は報告書には記載され、同二八日の各社報道でも伝えられたにもかかわらず、東電の廃炉に関する広報動画[*25]では触れられていない。この動画には「リスクコミュニケーター」と称する解説者が登場するのだが、いまだに「都合の悪いことは隠す」という姿勢が続いているように思われる。

福島第一原発事故の発生当初に炉内およびプールに存在していた燃料の状態と、その後の時間経過による変化は日本原子力研究開発機構（ＪＡＥＡ）によって推定されている。[*26]これから推定すると、たとえば2号機のセシウム１３７だけでも、一〇年後で約二×一〇の一七乗（一〇京《けい》）ベクレルという途方もない放射能が残留している。取り出したデブリは少量でも人間が直接触れられないので遮へい容器に収容する必要があるが、不安定なロボットアームによる操作だから、容器を転倒させてデブリが空気中に露出する等の事故も十分に予想される。デブリは放射性核種だけでなく雑物が不規則に混じっているため、「耳かき一杯」といってもその中でどれだけが正味の放射性核種か推定しようがないのでごく概略になるが、かりにデブリを一グラム取り出せたとして、それが空気中に露出したとすると、確実に致死的影響があらわれる被ばくが予想される。ロボットアームは三菱重工や英国企業が参加する国際廃炉研究開発機構（IRID）という組織が開発し、国の補助金が投入されている。設計方法や基準がすでに確立している装置や機械の分野で不具合があれば責任を問われ、場合によっては金銭的補償も求められるが、デブリ取出しは「国内外の叡智を結集しながら、まずは試験的取り出しの開始に向け」「世界でも前例のない困難な取組み」[*27]としてすべて「実験」だから失敗しても責任を問われず、むしろ無駄なことをやればやるほど収益になる。もちろんその裏で現場の作業員の被ばくが累積してゆく。このようなことをしていてなお「原発はコストが安い」などと主張する者は常識すら失われているのだろう。

　前述（第1章）の「東電委員会」で東京電力は「再編・統合に向けた経営改革」を示し、その中で廣瀬社長（当時）は「ポイントは八兆円〔廃炉費用の試算〕のお金が落ちるビジネスということです。さらに、除染を含めると、損害賠償は違うかもしれませんが、お金が回っていくということであれば、その二二兆円の巨大なプロジェクトがここでこれから行なわれるわけでありまして、そのほかの研究拠点等々も含めると、壮大なプロジェクトが行なわれるということがやはり一つの魅力になって、ここに様々なビジネスチャンスを求めるという意味でも、様々な方に参加をしていただいて、ここを作っていく。そこの中核に東京電力は当然、いつもいなければいけないと考えています」と述べている。[*28]すなわち廃炉もビジネスと位置づけている。デブリ取り出しに限らず廃炉作業はすべて作業員の被ばく累積が伴う。

日本の核武装・軍事と原子力

二〇二一年に広島県の小学生が「日本は核兵器を開発できるし、原爆を落とされた国として（米国に）仕返しする権利がある」と言い出して衝撃を受けたとの記事がある。[*29] 情報源は動画サイトで、若い投稿者が「米国は日本を恐れている」「国際法上、日本は（原爆を落とした）米国へ核で報復することが許されている」「日本は核兵器の材料になる約四六トンのプルトニウムを持っている」などと語り、再生数は約一五〇万回（当時）に上っていた。動画の完成度は高く組織的に制作されたような印象を受けたという。

この記事自体は、核問題よりもインターネットを通じた情報と子どもの関係がテーマであったが、鈴木達治郎（長崎大学核兵器廃絶研究センター）は、「戦争を画面上の敵を倒すゲーム感覚で考えているのではないか、戦争になれば真っ先に戦場に送られるのは若者だと伝えたいと記事にコメントしている。また動画を通じた主張の根底にあるのは「日本は他国より強くて優れているんだぞ」「古き良き日本を取り戻そう」といった考え方であると指摘している。いま日本の保守派の長老クラスでも実際の戦争体験がなく、それを支持する層もゲーム感覚が濃厚にみられ、戦争で実際に人が死傷する感覚が乏しい。過剰に日本の優越性を強調し、近隣国への敵意を扇動し、戦前への回帰を賛美する動画などのメディアが無数に存在する。こうした動画は、脱原発や平和・非戦をアピールする動画に比べて再生数の上で圧倒的に上回っている。

原発と核兵器に密接な関係があることは事実であるが、日本の核開発には実は大きな障壁がある。それは非核三原則などの政治的制約ではない。日本の自主核武装論は戦後間もない一九六〇年代からあるが興味深い指摘がある。「安全保障調査会」の報告によれば、英・仏でも核武装していることから考えれば技術・予算・人材の点では可能としても、最も重大な障壁はプロジェクトマネジメントだという。[30]

日本では、戦時中に陸軍が主導して理化学研究所の仁科芳雄を中心として原爆開発（仁科研究）が行われていたことは知られているが、実は仁科自身も完成の見込みがないことを知っていたとされる。むしろ「お国のための研究」を口実に自分の研究予算を確保し、若い関係者の兵役回避も副次的な目的だった。[31] 国家の機密プロジェクトに関わりながら、自宅では隣組の組長を嫌々ながら引き受けたものの、「今度の組長さんは梯子の登り方も知らない」と笑われるなど、防空演習も満足にできず困っているとの手記[32]が残っている。これは戦時下に大政翼賛会が編集・発行した冊子であるが、米国のマンハッタン計画と比べて日本のプロジェクトマネジメントがいかにお粗末かを露呈している。当時の政府は「防諜」に過剰なほど注意を払っていたように見えて、こうした無頓着もみられた。予算的にも日本は米国の数百分の一で、[33]それでも当時の日本が負担できる最大の額であり、原料となるウランの精製・分離だけで、当時の京都市の一日分の総電力を必要とした。[34] これでは到底実現の見込みはなかった。

核武装が目的なら、米・ロのように数千発も持たないかぎり原子炉は二～三基あれば足りる。北朝鮮やイランが少数の核施設を保有するだけで大問題とされるのはこのためである。しかし現在の日本では使用済み燃料をいくら溜めても核兵器にはならない。商用発電炉から取り出した使用済み燃料中のプルトニウムには核兵器用としては不純物となるプルトニウム２４０が多く「原子炉級プルトニウム」と呼ばれる。プルトニウムの全体量だけを指して長崎原爆数千発分等と表現されるが、米国も原子炉級プルトニウムでの核分裂は可能と確認したものの、実戦配備できる核兵器としては保有していない。

日本が自主開発で核兵器を製造するまでには、技術的な面だけをとっても大きな障壁がある。長崎型原爆は「爆縮（インプロージョン）型」と言われ、通常火薬の爆発力を利用してプルトニウムを高密度に圧縮する方式である。最初にこの方式で成功したのは長崎型原爆（米国内で一回実験した後に長崎に投下）である。まず核物質を入れずに模擬爆発実験を繰り返して技術を確立した後に、事前に核爆発実験を行う必要があるが、国内で核爆発実験を行うことが可能だろうか。すでに米国その他の核保有国から七十数年の遅れがあるし、現在は長崎型原爆よりもはるかに技術が進化しているが、米国その他の核保有国がこうした中核技術を易々と提供してくれるとは思われない。ミサイルや航空爆弾に搭載可能なサイズ・重量で、かつ確実な管理（通常時は誤作動を起こさない一方で、使用時には確実に作動する）が可能な核弾頭を製造するにはゼロから開発が必要な要素技術が多く、実現性は疑問であるし実験する場所も機会もない。

前述の仁科研究では、陸軍の上級将校が、仁科に「いつできるのか、なぜできないのか」と難詰することがしばしばあったという。周囲の研究員たちは、こうした将校が理論上可能性があるというだけであたかもすぐ実現できるかのような錯覚を抱いていると感じたという。[*35]また当時の風潮について「戦局不利となればなるほど、一発の原子爆弾でもつくって、アメリカをおどろかしてやりたい。科学技術の戦いには、一歩先に原子爆弾をつくれば、戦争をやめるにも有利である」との回想録がある。[*36]こうした非科学的、独善的な思考は現代も払拭できていない。石原慎太郎（元国会議員・元東京都知事）は「（核兵器が）なけりゃ、日本の外交はいよいよ貧弱なものになってね。発言権はなくなる」「だから、一発だけ持ってたっていい。日本人が何するかわからんという不安感があれば、世界は日本のいい分をきくと思いますよ」と述べている。[*37]また「日本には技術があるからその気になれば一年以内で核武装できる」という論者も少なくない。[*38]むしろ核開発の真の問題は、核弾頭やその運搬手段を実際に用意できるかどうかではなく、核開発を行うための社会体制の構築が必須となることである。第二次大戦中の米国で、トルーマン大統領や側近でさえ原爆開発を知らされていなかった経緯が知られているように、核開発を行うには徹底した秘密が求められ、監視社会・言論の制約が必須となる。

最近は臨界前核実験とコンピュータシミュレーションで実験の一部を代替できるとされているが、シミュレーションは実績値と照合しなければ無意味であり、実際の核爆発データを所有していない日本では照合ができない。同盟国といえども米国が核兵器に関する機微情報を易々と開示するはずがない。また核弾頭を製造したところで運搬手段（爆撃機やミサイル）がなければ無意味である。一九六〇年代には、爆撃機やミサイルを保有しない日本としては運搬手段の想定に苦慮している。大型旅客機を改造して爆撃機として使用する等の案[*39]がみられたが荒唐無稽であり、現在では北朝鮮・インド・パキスタンでさえそのような方式は考慮していない。このような方式では、相手側がかりに旧式の防空システムでも容易に撃墜されてしまう。核燃料サイクルが頓挫して余剰プルトニウム処理の見通しが立たないために核武装の潜在能力保持を口実にしているだけである。[*40]

「次世代炉」の非現実性

「新型原子炉」の公式な定義はないが一般に、①革新軽水炉、②小型軽水炉、③高速炉、④高温ガス炉、

⑤核融合炉が提唱されている。このうち⑤の核融合炉は論外として、その他も試験段階であり、国内で商用発電として稼働する見通しは乏しい。①は現在の軽水炉を基本にいくつかの改良を施したタイプである。出力は現在の一般的な商用炉の数分の一程度が計画されている。②はＳＭＲ（小型モジュール炉）と呼ばれることもあるが基本的な原理は従来の軽水炉である。炉本体の安全性は在来型よりもいくらか（原理的には）改善されるかもしれないが、発電量に比例して放射性廃棄物が発生する関係は①と同様に在来型と同じである。廃棄物の行き先がない以上は早晩行き詰まることは不可避であり、基幹電源としての展望はない。ＳＭＲについては、米新興企業が開発を進め、日本企業も出資していたが、採算性が期待できないことを理由に、二〇二三年一一月にプロジェクトを中止すると発表した。*41 ③について、高速増殖炉として計画された「もんじゅ」は、約一兆二〇〇〇億円を投じながら商用運転はできず廃炉になった。それは核反応の部分というよりも冷却材のナトリウムの取扱いの困難性に起因する。今回提唱されている高速炉は「もんじゅ」とはシステムが異なるが、冷却材としてナトリウムを使用する点は同じであるから何も進展していない。「第二のもんじゅ」に過ぎないであろう。④の高温ガス炉は、システムの組み方によっては電気と水素の併産が可能とされているが、これもまだ基本的な課題が解決していない。なお高温ガス炉と水素の非現実性については拙著*42を参照していただきたい。

政府はいわゆるＧＸ（グリーントランスフォーメーション）の一環として「新型（小型）原子炉」を推進している。広い意味で原子力産業の延命策であるといえるが、もう一つの側面は軍事との関係である。新型（小型）原子炉のうち浮体型とされる提案がある。浮体の長所として、「津波の影響が少ない、崩壊熱除去に大量の海水を利用しやすい、沖合に設置すれば事故時にも住民避難が不要」などと説明されている。*43 その説明はいずれも技術的に疑わしく商用発電としてはほとんど期待できない一方で、「小型・浮体」すなわち波浪で動揺するプラットフォーム上での小規模な原子炉の運転は、原子力艦船と密接に関連する。もともと加圧水型原発は、原子力艦船の動力システムと並行して開発されてきた。閉ざされた艦内に設置するから、炉心に直接触れた水の蒸気をタービンに回す沸騰水型のシステムは乗員の被ばくの点から採用できず、蒸気発生器を通じて熱だけを蒸気に移して（放射性物質が多少は移行する）タービンに回す加圧水型のシステムである。すなわち「小型・浮体」で原子力艦船用の原子炉の技術を蓄積することが目的と思われる。

注

1　日本原子力学会『日本原子力学会誌』 https://www.aesj.net/publish/aesj_atomos

2　石井孝明「原発事故後の『勝利』を語れ」『日本原子力学会誌』二〇二三年三月、三頁。

3　中川恵一「内部被ばくゼロと震災関連死急増のジレンマ」『日本原子力学会誌』二〇一四年一月、一頁。

4　田村和弘「『日本の魚を食べて中国に勝とう』はむしろ中国の思うツボである理由」 https://agora-web.jp/archives/230910105919.html

5　佐賀県主催「プルサーマル公開討論会」「玄海原子力発電所三号機プルサーマル計画の安全性について」二〇〇五年一二月二五日、大橋弘忠（東京大学工学系研究科教授・当時） https://www.pref.saga.lg.jp/kiji00310816/index.html

6　大島堅一『やっぱり原発は割に合わない』東洋経済新報社、二〇二三年、一一三頁。

7　有馬朗人「改めて問う――『もんじゅ』は活用すべき！」『日本原子力学会誌』六一巻一号、二〇一九年、一四頁。

8 九州電力「九州電力株式会社第三者委員会報告書」二〇一一年九月三〇日。https://www.kyuden.co.jp/library/pdf/notice/report_110930.pdf

9 NEWSポストセブン「池上彰氏 小学校での道徳教科化で『忖度力の養成』を懸念」 https://www.news-postseven.com/archives/20180519_676004.html

10 島崎邦彦『3・11大津波の対策を邪魔した男たち』青志社、二〇二三年。

11 OurPlanet-TV「被災者や議員へ中傷ツイート連発~復興庁『支援法』担当」。http://www.ourplanet-tv.org/?q=node/1598

12 山崎俊雄・木本忠昭『電気の技術史』オーム社、一九七六年、二三三頁。

13 一キュリーは三七〇億ベクレルに換算される。

14 井戸川克隆・佐藤聡『なぜわたしは町民を埼玉に避難させたのか』駒草出版、二〇一五年、一一五頁。

15 東京電力(株)「福島第一原子力発電所事故における放射性物質の大気中への放出量の推定について」二〇一二年五月。http://www.tepco.co.jp/cc/press/betu12_j/images/120524j0105.pdf

16 前出『電気の技術史』、二八一頁。

17 長崎晋也・中上真一編著『原子力教科書 放射性廃棄物の工学』オーム社、二〇一一年一月、二三三頁。

18 電気事業連合会「使用済燃料の貯蔵状況と対策」二〇二三年九月末時点。https://www.fepc.or.jp/resource_sw/chozo.pdf

19 http://q-enecon.org/kikanshi/tomic48/index_02.html

20 東京新聞「一度に出せるのは『耳かき1杯』…福島第1原発のデブリ取り出しが準備段階で直面する『想定外』」二〇二三年一〇月二二日。https://www.tokyo-np.co.jp/article/285173

21 東京電力ウェブサイト「もっと知りたい廃炉のこと」https://www.tepco.co.jp/decommission/towards_

decommissioning/Things_you_should_know_more_about_decommissioning/answer-18-j.html

22 経済産業省ウェブサイト「福島第一原子力発電所―廃炉と未来」https://www.meti.go.jp/earthquake/nuclear/hairo_osensui/images/HAIROMIRAI.pdf

23 NHK「東京電力テレビ会議」二〇一一年三月一六日（一三時五五分）。https://www3.nhk.or.jp/news/special/shinsai6genpatsu/pdf/minutes_20110316.pdf

24 東京電力ホールディングス廃炉・汚染水対策チーム会合・第六三回事務局会議資料「福島第一原子力発電所2号機 原子炉格納容器内部調査実施結果」二〇一九年二月二八日。https://www.tepco.co.jp/decommission/common/images/progress/retrieval/unit2_meeting_20190228.pdf

25 原子炉格納容器内における初の接触調査～福島第一原子力発電所2号機 https://www4.tepco.co.jp/library/movie/detail-j.html?catid=61709&video_uuid=vc8zti16

26 日本原子力研究開発機構「福島第一原子力発電所の燃料組成評価」https://jopss.jaea.go.jp/search/servlet/search?5036485

27 前出22 経済産業省「福島第一原子力発電所―廃炉と未来」

28 後藤秀典『東京電力の変節 最高裁・司法エリートとの癒着と原発被災者攻撃』旬報社、二〇二三年、七四頁。

29 『中国新聞』「こちら編集局です あなたの声から」二〇二一年九月五日。https://www.chugoku-np.co.jp/articles/-/108235

30 安全保障調査会『日本の安全保障一九六八年版』「わが国の核兵器生産潜在能力」朝雲新聞社。

31 山崎正勝「理化学研究所の原爆開発計画と戦後の原子力開発」日本平和学会二〇一九年春季研究大会。

32 『随筆集 私の隣組』大政翼賛會宣傳部編、一九四二年、三七頁。

33 小川進『核問題の隠された真実』緑風出版、二〇二三年、一二三頁。
34 保阪正康『日本原爆開発秘録』新潮社、二〇一五年、一九六頁。
35 保阪正康『日本原爆開発秘録』新潮社、二〇一五年、一四六頁。
36 前出・保阪正康著書、一四二頁。
37 『朝日新聞』一九七一年七月一九日掲載、『週刊朝日』二〇一四年四月二五日号に再掲。
38 石破茂「『核の潜在的抑止力』を維持するために私は原発をやめるべきとは思いません」『SAPIO』二〇一一年一〇月五日号、八五頁、田母神俊雄「決断すれば日本の核保有までの時間は一年間」『NEWSポストセブン』二〇一七年九月二二日。https://news.nifty.com/article/domestic/society/12180-611782/
39 安全保障調査会『日本の安全保障一九六八年版』「わが国の核兵器生産潜在能力」朝雲新聞社
40 上岡直見『Jアラートとは何か』緑風出版、二〇一八年
41 『東京新聞』(こちら特報部)』「『夢の小型原子炉』開発が頓挫、日本企業も一〇〇億円以上を出資　そもそも実現に疑問の声も…」二〇二三年一一月一八日。
42 上岡直見『「走る原発」エコカー危ない水素社会』コモンズ、二〇一五年。
43 姉川尚史(東電HD)「浮体構造による原子力発電所の画期的安全性向上」日本原子力学会誌、二〇二一年一〇月。

あとがき

最近「日本の技術や文化を世界が称賛している」という言説が盛んであるが、虚勢を張るのは内心で自信がない証拠である。明治期の「お雇い外国人」の登用はよく知られており、様々な分野・職種にわたって延べ八〇〇〇人以上に及んだ。その一人であるエルウィン・フォン・ベルツ（東京医学校、現東京大学医学部）は一九〇一年の在職二五年記念講演で「日本人は西洋の近代科学の成果を取り入れることには熱心であるが、その根本にある思想や精神を学ぼうとしない」「日本人は科学技術を単なる道具のように捉えているが、その背景にある思想と切り離して活用することはできない」[*1]と苦言を呈している。

お雇い外国人の中には日本を後進国として蔑視する者もいたが、真摯に尽力した者も少なくなかった。ベルツはそれゆえの苦言であろう。しかし日本はそれを克服できなかった。ついには石油の八割を米国に依存しながら米国と戦争を始めた。航空機を製作する工作機械まで米国から輸入していながら、開戦後二年経ってようやく軍が注目し始めたという無策を露呈した。[*2]その結果が、多大な人的犠牲と国富の喪失を招いたあげく「昭和の敗戦」である。

それは戦後の原子力も同じである。原子力基本法は「民主・自主・公開」を掲げている。このうち民主と公開がおよそ看板倒れであることは周知の事実ながら、自主についても全く実態がない。基本的な技術から安全対策まで外国（大部分は米国）に依存している。福島第一原発事故の前、原子力推進者は原発の大規模事故の可能性を確率的に評価して百万年に一回以下の確率と推定し、地震や津波に関心が乏しい米国での検討を請け売りして「隕石が落ちるのを心配するようなものだ」と豪語した。そして一般の市民は科学的思考ができないから原子力を過剰に怖れるのだと主張していた。結局、隕石は落ちなかったが大津波は来た。しかもそれは地震・津波研究者が科学的かつ合理的な判断として警告していたものだった（第6章参照）。こうしてついに「平成の敗戦」に喩えられる福島第一原発事故を生起した。そして福島第一原発事故後でもあらゆる説明が「IAEA、ICRP、UNSCEARがいいと言っていますから」という請け売りである。そして今また原子力の基本的な不合理性を先送りする「GX」を言い出し「令和の敗戦」に向かおうとしている。

このまま崩壊に向かうのを座視するしかないのであろうか。困難な道ではあるが市民運動に期待するほかはない。須田春海氏は「市民運動は赤ランプ」と表現している。「社会のなかでの市民運動を鳥瞰すると、その社会のあちこちでシステムがうまく機能していなかったりすると赤ランプがつく、その赤ランプの役割をしているのが市民運動だ、といってよいでしょう。赤ランプを発信している人は、当然、現場の状況を一番良く知っています。知らせるだけでなく、どうしたら故障を直せるかの提案もあるわけです。異議申し立てと提案は同居しています[*3]」という。

また須田氏は市民運動の三要素を「キャッチフレーズ・専門性・現場」と表現したことがある。筆者もそれを手がかりに今後も活動に努めてゆきたい。また今日まで筆者が市民運動を続けてこられたのは須田氏の指導・協力の賜物である。須田氏は二〇一九年七月に逝去されたが、ここに改めて感謝したい。

これまで緑風出版から何冊か本を出していただいたが、本書も同社の高須次郎氏・高須ますみ氏・斎藤あかね氏にご尽力いただいた。改めてお礼を申し上げたい。

注

1 トク・ベルツ編、菅沼竜太郎訳『ベルツの日記(上)』岩波文庫三三―四二六―一、一九七九年、二三九頁。

2 伊藤整『太平洋戦争日記(二)』新潮社、一九八三年、二七頁(一九四三年七月二三日の記述)。

3 須田春海『須田春海採録②市民自治体』生活社、二〇一〇年、一七頁。

[著者紹介]

上岡直見（かみおか　なおみ）

1953年 東京都生まれ
環境経済研究所 代表
1977年 早稲田大学大学院修士課程修了
技術士（化学部門）
1977年～2000年 化学プラントの設計・安全性評価に従事
2002年～2020年 法政大学非常勤講師（環境政策）
2017年～2022年 新潟県原子力災害時の避難方法に関する検証委員会委員
著書
『脱原発の市民戦略（共著）』（緑風出版、2012年）、『原発避難計画の検証』（合同出版、2014年）、『走る原発、エコカー――危ない水素社会』（コモンズ、2015年）、『鉄道は誰のものか』（緑風出版、2016 年）、『JR に未来はあるか』（同、2017年）、『Ｊアラートとは何か』（同、2018年）、『日本を潰すアベ政治』（同、2019年）、『自動運転の幻想』（同、2019年）『原発避難はできるか』『新型コロナ禍の交通』（同、2020年）、『自動車の社会的費用・再考』（同、2021 年）、『時刻表が薄くなる日』（同、2022 年）など。

原子力《げんしりょく》防災《ぼうさい》の虚構《きょこう》

2024年2月15日　初版第1刷発行　　定価2,600円＋税

著　者　上岡直見 ©
発行者　高須次郎
発行所　緑風出版
〒113-0033　東京都文京区本郷2-17-5　ツイン壱岐坂
［電話］03-3812-9420　［FAX］03-3812-7262［郵便振替］00100-9-30776
［E-mail］info@ryokufu.com［URL］http://www.ryokufu.com/

装　幀　斎藤あかね
制　作　i-Media　　印　刷　中央精版印刷
製　本　中央精版印刷　　用　紙　中央精版印刷　　E1000

ISBN978-4-8461-2316-1　C0036